NICO ROSE

GÖTZ ULMER

HEAVY METAL B(R)ANDS

additional content

Bibliografische Information der Deutschen Nationalbibliothek
Die Deutsche Nationalbibliothek verzeichnet diese Publikation in der Deutschen Nationalbibliografie. Detaillierte bibliografische Daten sind im Internet über https://dnb.de abrufbar.

Für Fragen und Anregungen
info@redline-verlag.de

Wichtiger Hinweis
Die gewählte männliche Form bezieht sich immer zugleich auf weibliche, männliche und diverse Personen. Auf konsequente Doppelbezeichnung wurde aufgrund besserer Lesbarkeit verzichtet.

1. Auflage 2023

Türkenstraße 89
80799 München
Tel.: 089 651285-0
Fax: 089 652096

Redaktion: Lars Zwickies
Umschlaggestaltung: Marc Fischer; Götz Ulmer
Umschlagabbildung: Adobe Stock, 226614980; Byron Motley / Alamy Stock Foto; Foto Nico Rose ©Heinz Feußner, Foto Götz Ulmer ©Kai Uwe Gundlach
Satz: Andreas Linnemann
Druck: Florjancic Tisk d.o.o., Slowenien
Printed in the EU

ISBN Print 978-3-86881-919-9
ISBN E-Book (PDF) 978-3-96267-480-9
ISBN E-Book (EPUB, Mobi) 978-3-96267-481-6

Wir produzieren nachhaltig
www.m-vg.de

Weitere Informationen zum Verlag finden Sie unter
www.redline-verlag.de
Beachten Sie auch unsere weiteren Verlage unter www.m-vg.de

For those about to rock, we salute you

– AC/DC

3, 2, 1 .... Deins

VORWORT VON FELIX LETHMATE

»Bist du authentisch, dann bist du auch glaubwürdig. Bist du leidenschaftlich, dann macht es dich besser.« Meine erste, eher zufällige Marketingaktion schuf ich Mitte der 80er-Jahre mit drei Buchstaben: EMP. Über die Jahre rätselte die Metalgemeinde immer wieder, wofür das eigentlich steht. Es gab großartige, kreative Briefe von Kunden. Von »Echt mundbemalte Picturediscs« über »Einer macht Profit« bis zu »Emsländische Metal-Produkte«. Die Auflösung war dann eher unspektakulär...

Dann gab es diesen Slogan: »Metal aus Überzeugung!« Der hat die frühen Mitstreiter in der Firma fast in den Wahnsinn getrieben. Es soll Kollegen gegeben haben, denen der Slogan im Schlaf erschienen ist. Nach einer Weile habe ich die lieben Menschen davon erlöst. Ich kann jedoch bis heute, als Baujahr '61, felsenfest behaupten, dass ich überzeugter Metalfan bin.

Der nächste Marketingwurf wurde unsterblich, vielleicht, weil er nicht auf meinem Mist gewachsen ist: *Die digitale Pommesgabel!* Mittlerweile als Aufkleber millionenfach im Umlauf. Es macht mich unfassbar stolz und glücklich, so viele dieser Sticker auf Autos zu sehen: die digitale Pommesgabel als Sinnbild, Teil dieser großartigen Community zu sein. Bilder sagen einfach mehr als Worte!

Apropos Bilder: Es macht sich wirklich bezahlt, Geld in ein vernünftiges Albumcover zu investieren. Dieses ist die Basis für das Merchandising und der Merch war immer eine immens wichtige Einnahmequelle – und ist heutzutage noch essenzieller für die Bands geworden. Jeder Mensch, der in einem Bandshirt herumläuft, ist quasi auch eine lebendige Litfasssäule! Deswegen habe ich nie wirklich verstanden, warum so viele Black- und Death Metal-Bands Logos haben, die kaum ein Mensch lesen kann.

Bei der Band Death war das anders. Auch, wenn das Logo ausschaut, wie von Kinderhand gemalt, ist es doch gut les- und wiedererkennbar. Ein ganz schlimmes Beispiel ist leider das Cover meiner Lieblingsplatte von Black Sabbath mit Ozzy: »Sabotage«. Da siehst du deine Heroen in Strumpfhosen vor einem riesigen Spiegel. Absolute Vollkatastrophe!

Es geht aber auch anders. In den 80ern bis Mitte der 90er gab es viele Bands mit einem Alleinstellungsmerkmal und hohem Wiedererkennungswert. Stellvertretend für all die Bands hier ein paar Beispiele für Authentizität und Leidenschaft, gepaart mit gutem Marketinggespür, guten Alben und großartigen Covers:

Ganz sicher die Blind Guardian-Cover mit Ausnahme-Maler Andreas Marshall. Dann die Männer von Tankard mit dem unfassbar guten Meister seines Fachs: Sebastian Krüger (das Motiv von »Hair of the Dog« ist einfach Weltklasse). Und natürlich Helloween, mit den Kürbissen in allen Lebenslagen. Das war etwas anderes, und spaßig. Happy Metal halt. Es ist absolut nachvollziehbar, dass sich die Shirts dieser Bands damals sensationell gut verkauft haben. Großmeister der Vermarktung sind jedoch Iron Maiden. Ein catchy Logo mit dem Bandnamen eines mittelalterlichen Folterinstruments und einem Biest mit dem niedlichen Namen Eddie als Maskottchen. Mehr geht nicht. Maiden ziehen das perfekt durch. Meine Hochachtung!

Aber manchmal braucht es keine guten Cover. Da reicht die Band, wie bei Metallica und AC/DC. Oder, in seltenen Fällen, eine einzelne Person. Wie Lemmy, dessen Stimme förmlich nach Jack Daniel's riecht. Oder Ozzy. Der klingt wie ein Nachtgespenst beim Stuhlgang – und seinen Namen können schon Zweijährige aussprechen. Das sind die Archetypen des Metal. Da reicht das Wesentliche absolut aus: hundert Prozent Authentizität und Leidenschaft.

In diesem Sinn: Viel Freude beim Lesen!

Felix Lethmate, Gründer von EMP und Vorstand der Lethmate Stiftung

VORWORT VON THORSTEN WILMS

WERBUNG, DIE WIRKLICH ROCKT

Als langjähriger Werbetexter und noch längerer Punk- und Metal-Musiker bin ich dankbar für Heavy Metal B®ands. Wie oft ich im Agenturleben schon einen Satz wie »Jetzt rocken wir das Ding!« von stocksteifen Marketingleitungen gehört habe, geht auf keine Kuhhaut. Denn obwohl man sich in der Werbung betont lässig gibt, ist Marketing oft eine verdammt spießige Angelegenheit. Dabei sind sich harter Rock und Marken näher, als viele glauben. Dieses Buch zeigt auf, wie viel beide Disziplinen voneinander lernen können und sollte sowohl Marketing-Fachleuten als auch Metalfans relevante Fakten und neue Impulse liefern.

Heavy Metal ist ein Lebensgefühl. Eine Haltung. Eine Bestimmung. Aber wie jeder Lifestyle wird auch Metal verklärt und vermarktet. Heute mehr denn je. Davon können Nico Rose und Götz Ulmer ein hammerhartes Lied singen. Sie blicken zurück auf eine Zeit, in der die frühen Bands des Genres durch Visionen und Ideen etwas Neues geschaffen und dadurch Unique Selling Propositions kreiert haben. Und sie analysieren, wie bekannte Marken ähnliche Gründungszeiten, Selbstfindungsphasen und Relaunches durchlaufen haben. In einer schnelllebigen Welt können Metal und Marken Felsen in der Brandung sein, vor allem aber bieten sie unterhaltsame Verbindungen, die hier anschaulich zur Sprache kommen.

Zwischen den Zeilen beweisen die Autoren mit ihrem Werk auch, dass das, was heute zum 1 × 1 der Musikvermarktung gehört, für Bands von Black Sabbath bis Mötley Crüe Teil des ureigenen kreativen Prozesses war und nicht Baustein des Marketingplans wie bei heutigen Newcomer-Acts. In einer Zeit, in der die großen

Labels und Festivals des Genres längst übernommen und Teil multinationaler Unternehmen sind, erzählen Rose und Ulmer die Geschichte der Gründerväter mit neuem Fokus. Die beiden wissen: Es sind die Hardrock- und Metalbands, die heute regelmäßig die Charts anführen, weil sie ihre Fans wie kaum andere Künstler an sich binden. Das ist dann auch für Werber und ihre Marken interessant: Sie lernen durch Heavy Metal B®ands eine wachsende, treue und immer zahlungskräftigere Zielgruppe zu verstehen, die eben nicht im Alter von 49 Jahren uninteressant wird, sondern gerade dann noch einmal richtig Gas gibt.

Heavy Metal B®ands könnte ein Standardwerk werden, eine Inspiration für Musiker, genauso wie für Werber und Vermarkter. Es schafft Verständnis für das Werbehandwerk und kann so den Boden für neue Ideen und Innovationen in beiden Disziplinen bereiten. Ich selbst wünschte mir, ich hätte dieses Buch schon besessen, als ich meine ersten Bands gegründet habe und immer so sein wollte, wie Kiss. Weil sie cool waren und auch als Horror- und Comic-Fans starteten und den einheitlichen Look der Beatles auf ihre eigene, auffällige Art interpretierten. Dieses Buch hätte mich schon als Teenager verstehen lassen, warum Kiss cool sind und andere Bands »nur« gute Musik machen. Und was das mit Positionierung, Polarisierung und Popularität zu tun hat. Vielleicht sorgt Heavy Metal B®ands dafür, dass in Zukunft eine wilde Horde junger, idealistischer Rocker die hiesigen Agenturen und Marketingabteilungen bevölkert und Slayer-Shirt statt Rollkragen trägt. Vielleicht wird es aber auch mehr Kids dazu bringen, selbst Musik zu machen und von vornherein Strategien zu entwickeln, wie damit mehr Fans erreicht werden können.

Das – liebe Leser – rockt dann wirklich!

Thorsten Wilms alias Rod Usher ist Sänger von The Other, Europas bekanntester Horror Punk-Band. Er gründete das Label »Fiend Force Records« und die Eventreihe »Partymonium«. Im richtigen Leben arbeitet er als Werbetexter und schreibt für diverse Musikmagazine.

PLAYLIST

Vorwort von Felix Lethmate 4

Vorwort von Thorsten Wilms 6

Intro 10

Innovieren mit Black Sabbath
Wenn du es erfunden hast 25

Provozieren mit Ozzy Osbourne
Wenn die Kirche dich verbannen will,
hast du gewonnen 45

Explorieren mit Metallica
Wenn du der Marktführer bist
und dir eh alles erlauben kannst 67

Revanchieren mt Megadeth
Wenn du der Underdog bist 89

Konservieren mit Iron Maiden
Wenn du alles wie immer machst 107

Werbeunterbrechung 124

Brillieren mit Dream Theater
Wenn du einfach der Allergeilste bist 129

Polarisieren mit Rammstein
Wenn du unfuckingfassbar bist 147

Inszenieren mit Manowar
Wenn du nah an der eigenen Persiflage bist 165

Integrieren mit Motörhead
Wenn du der bist, den alle liebhaben 183

Renovieren mit Mötley Crüe
Wenn du immer, immer wiederkommst 203

Outro 220

Danksagung. 223

Literatur 225

Stichwortverzeichnis 234

Endnoten 244

INTRO

Das ist doch Kommerzkacke!

So lautet der schlimmste Vorwurf, den man einer Metalband machen kann. Du kannst kommerziell erfolglos sein, eine Bande versoffener Hurenböcke, geistig nicht (mehr) voll auf der Höhe – oder schlicht und ergreifend menschlich degeneriert. All das ist in unserer Szene, unter den richtigen Bedingungen, im Grunde mehr Anerkennung als Beleidigung. Aber Kommerzkacke, sprich: in it for the money – das geht gaaaaaaaaaar nicht.

So lautet zumindest das Narrativ, das von vielen Protagonisten in der Szene mit großem Eifer hochgehalten wird. Wenn man im Internet irgendwo schreibt, dass man sich im Sommer gerne im Schlamm des Wacken Open Air suhlt, schallt einem unter Garantie innerhalb von spätestens 60 Sekunden ein verächtliches »Support the underground!« entgegen. Auch wenn das Festival ursprünglich als dilettantische Gehirnfurzaktion gestartet wurde: Mit einer Größe von rund 85.000 Gästen und seinem Ruf als *dem* Metalfestival schlechthin ist man – gefühlt – auf der dunklen Seite der Macht angekommen. Kommerzkacke eben.

METAL UND MONETEN

Persönlich sind wir allerdings ganz anderer Ansicht. Auch in der Welt der harten Gitarrenmusik gilt: ohne Moos nix los. Wer die Metalmusik bestellt, muss sie auch bezahlen. Das war schon immer so und wird auch immer so bleiben. Selbst wenn man sich als Szene ein Stück weit hinter einer Outsider- und Underground-Identität verstecken mag. Metal war in den Anfangsjahren ein Phänomen der Arbeiterklasse, seine Wurzeln liegen in frühen Industriehochburgen wie Birmingham, Detroit und dem Ruhrpott. Metal ist Maloche, harte Arbeit, für die Künstler wie auch für die Fans.[1] Er muss echt und authentisch sein – sonst funzt es nicht.

Dieser Umstand ändert jedoch rein gar nichts an der Tatsache, dass ohne Knete irgendwann erst das Bier zur Neige und dann das Licht ausgeht. Beides ist gemäß unserer Erfahrung wenig hilfreich für eine erstklassig headbangende Lebenserfahrung. Geld regiert auch den Metal, das ist eine einfache, wenn auch aus Sicht mancher Beobachter traurige Wahrheit. Instrumente, Boxentürme und Tourbusse[2] wollen bezahlt werden, ebenso Studioaufenthalte inklusive Alkohol und sonstiger kreativer Stimulanzien. Folglich müssen (sich) Metalbands verkaufen: Tonträger und Streams, Konzertkarten, T-Shirts und Longsleeves, Poster und Patches für die Kutte, dazu Bier, Whisky und Särge. Sagten wir Särge? Ja, sagten wir.

MERCHANDISING? MERCHANDISING!

Falls Sie möchten, können Sie sich – wenn Ihre Zeit gekommen ist – in einem eigens gestalteten Sarg der Band Kiss in die ewigen Jagdgründe beamen lassen. Mit etwa 4.500 Dollar wären Sie Anfang dieses Jahrtausends an Bord gewesen. Mittlerweile werden die Kisten nur noch als Sammlerstücke gehandelt. Kiss sind so etwas wie der Urväter des Merchandising in der Szene.[3] Das Vermögen von Gene Simmons, Mitgründer und Bassist, wird auf mindestens 400 Millionen Dollar geschätzt. Das liegt zum einen an den über 100 Millionen verkauften Tonträgern – aber vor allem an der Tatsache, dass die Band schon Ende der 1970er-Jahre ihr Logo auf so ziemlich alles kleben ließ, was man sich auch nur im Entferntesten vorstellen kann.[4]

Neben den üblichen Verdächtigen aus dem textilen Segment (inklusive Bettwäsche, lange bevor es Boybands gab) stehen u. a. Kondome auf dem Programm,[5] ein Waffeleisen, ein aufblasbares Paddleboard sowie ein verdammter lebensgroßer Flipper. Die

Kiss-Luftgitarrensaiten schießen jedoch den Vogel ab: ein leeres Plastikbeutelchen zum Preis von vier Dollar. Klingt bekloppt, ist aber so. Insofern können wir festhalten: Die Kommerzkacke war auch im harten Rock und Metal schon immer da. Einigen Bands nimmt man das krumm, anderen weniger. Darauf werden im Laufe des Buches noch zu sprechen kommen.

Jedenfalls haben Kiss vor rund 50 Jahren ein Geschäftsmodell vorweggenommen, das heute aus schierer Notwendigkeit gang und gäbe ist: Bands und Musiker jeglicher Couleur leben im Zeitalter der digitalen Distribution von Musik nur noch zu einem Bruchteil vom Verkauf ihrer Tonträger. Das Gros des Einkommens wird durch Konzerttickets erwirtschaftet. Hinzu kommen Merchandising, Kooperationen und Lizenzgeschäfte.[6] Der gebrandete Alkohol (vor allem Bier, Whisky und Gin)[7] ist mittlerweile fast schon Standard. Etwas ausgefallener wird es beispielsweise bei Iron Maiden mit einem eigenen Computerspiel, einem Zombie-Teddy und einer Monopoly-Edition, dem Bademantel von Metallica oder dem Grillbesteck und einer Quietsche-Ente von Ozzy Osbourne.

Die Recken von Rammstein lassen es ebenfalls nicht nur auf der Bühne krachen: 2009 verkauften sie den damals aktuellen Longplayer im Set mit sechs Dildos, die gerüchteweise den Prengeln der Bandmitglieder nachempfunden worden waren.[8] Auch sonst sind Rammstein alles andere als zimperlich. Sie nehmen es auf jeden Fall von den Lebenden. 2021 haben sich die Pyromantiker mit dem Luxuslabel Balenciaga zusammengetan und eine sündhaft teure Merch-Kollektion auf den Markt geworfen, vom Basecap für schlappe 350 Euro bis zum Regenmantel für fast 2.000 Ocken. Im Internet sind viele Fans auf die Barrikaden gegangen, aber die nachfolgenden Touren waren trotzdem in Windeseile ausverkauft.

DIE WERTSCHÖPFUNGSKETTE ROCKEN

Die richtig großen Acts im Metalzirkus haben übrigens früh erkannt, dass es sehr einträglich sein kann, einen möglichst großen Teil der relevanten Wertschöpfungskette selbst in der Hand zu behalten. Man lässt sich beispielsweise nicht mehr nur für irgendwelche Festivals buchen, sondern veranstaltet einfach selbst Events unter eigener Flagge. Prototypisch ist die Festivalserie Ozzfest, 1996 von Ozzy Osbourne und seiner Managerin/Ehefrau Sharon ins Leben gerufen. Ähnlich halten es seit 2012 Slipknot mit ihrem Knotfest.

Immer beliebter werden auch Metalkreuzfahrten für das gut betuchte (weil: alternde) Publikum. Die Macher des Wacken Open Air bieten so etwas unter dem Namen »Full Metal Cruise« an. Aber auch an diesem Punkt gehen einige Bands mittlerweile eigenständig in die Bütt. So gab es 2008 eine Mötley Cruise und seit 2011 die Kiss Kruise. Weitere Beispiele: die MegaCruise der Thrash-Helden von Megadeth oder die Sabaton Cruise der gleichnamigen Power-Metal-Band.

KRACHMUCKE, IMAGE, MARKTANTEILE

Auch wenn das schwermetallische Publikum – uns eingeschlossen – in vielen Dingen aufgeschlossen, tolerant und liberal ist, so ist es doch ziemlich konservativ. Zurecht waren die Punks voll des Spottes, als die Bands der New Wave of British Heavy Metal zu Anfang der 1980er-Jahre ihre freiheitsliebende und extreme Laisser-faire-Attitüde als Inspiration nahmen, um sie dann in viel konservativere Korsetts zu pferchen. Die von uns bis zum heutigen Tage verehrten Urväter der Brüllgitarrenmusik beherrschten ihre Instrumente zwar (besserwisserisch) besser als die Punks – man war schließlich Bands wie Led Zeppelin oder Deep Purple verpflichtet –, schauten sich dort aber trotzdem etwas noch viel Wichtigeres ab: Image. Style. Verkoofe. Das ganze Besteck! Und sie hoben es auf völlig neue Levels.

Da kann Steve Harris, Mastermind von Iron Maiden, bis heute behaupten, dass er nichts mit Punk am Hut gehabt habe. Ohne das Zombie-Maskottchen Eddie[9] wäre der britische Exportschlager wahrscheinlich niemals dort angekommen, wo die Band heute steht. Es steht außer Frage, dass Millionen von Maiden-Platten nur wegen des Covers gekauft wurden – in der sich selbst erfüllenden Hoffnung, die Musik wäre genauso aufregend.

Die visuelle Ebene umschifft eine Menge an Hindernissen, die dem Metal (bis heute) in den Weg gestellt werden. Diese Musik wurde nie wirklich im Radio gespielt[10] – wenn wir einmal die Zeit ausklammern, als sich das ganze Ding plötzlich in Hair Metal verwandelte und gefährlich nahe an Classic Rock und Schmalztiegel rutschte.[11] Sie war immer Außenseitermusik. Mit ihr und durch sie grenzte man sich ab. Und erkannte sich auch daran. Es gab essenzielle Codes zu beachten (Kutte, Leder, Jeans, Nieten, Schwarz), um schon immer auszudrücken, was Slipknot erst 40 Jahre später in die Welt hinausbrüllten: »We Are Not Your Kind!«[12]

OHRENKUNST FÜRS AUGENTIER

Metal war immer visuell. Amateurbands traten lieber erst gar nicht im lokalen Jugendzentrum auf, als aus dem übrig gebliebenen Goldregen auf ihre selbst gebastelten Pyros von der letzten Silvesterfeier zu verzichten. Und ohne Logo ging schon mal gleich gar nichts. Das musste einprägsam sein, grafisch einfach, um leicht und schnell in Schultische geritzt werden zu können.[13] Platten wurden gerne nach Cover gekauft. Wenn das gut war (ergo: die Eltern es rundherum ablehnten), konnte die Musik natürlich nicht schlecht sein. Alben wie Dios *Holy Diver* verkauften sich damals zu einem wesentlichen Anteil durch ihre Optik. Zu Hause konnte man dann rausfinden, ob sich die Investition von einer Woche Taschengeld gelohnt hatte oder nicht.[14]

Wie wichtig das Visuelle für Bands und Musiker, aber auch für jede Marke ist, lässt sich erneut treffend am Beispiel von Kiss belegen. Eine mittelmäßig begabte Durchschnittsband aus New York beschließt, sich die Gesichter anzupinseln und wird dadurch zu einem weltweiten Pop-Phänomen. Wie in: Populärkultur. Die Musik trat in den Hintergrund und machte Platz für Comic-Wesen, die die Teenagerherzen im Sturm eroberten.[15] Aber Kiss begriffen schon vom ersten Konzert an, dass die Illusion nur funktionieren würde, wenn sich das Bühnenbild ähnlich spektakulär anfühlte und den passenden Rahmen setzte.[16]

CLAIMS ABSTECKEN

Mit dem langsam, aber sicher um sich greifenden Virus der gepflegten Marshallwandmucke stieg auch die Wichtigkeit der Abgrenzung gegenüber anderen Bands. Das funktionierte nicht nur über die Musik selbst (Spielarten wie Speed-, Death-, Black-, Power-, Funk-, Nu-Metal etc. entwickelten sich erst nach und nach), sondern vor allem über differenzierende Texte, die dazu passenden einzigartigen Bilderwelten auf Covern und Bühnen, Musikvideos, Outfits plus Make-up und natürlich alle anderen Stellschrauben, die ein Image definieren können.

Es geht um eben das, was man im Marketing gemeinhin als Claim bezeichnet. Ein meist nur aus wenigen Wörtern bestehender Satz, der genau umreißt, wofür die Marke steht und wofür nicht. Was man von ihr denken soll und was nicht. Und wo die Grenzen zur Konkurrenz liegen. Ein Claim ist die kunstvolle Zusammenfassung einer komplexen Markenpyramide. Ein paar der bekanntesten sind: »Vorsprung durch Technik«, »Geiz ist geil«, »Impossible is nothing« oder »Think different«. Auch in der Musikindustrie grenzt jeder erfolgreiche Künstler fortwährend sein Revier ab. Im Metal geschieht dies zumeist trennschärfer, als es im Pop jemals möglich wäre. Niemand, der hören und sehen kann, würde auf die Idee kommen, Judas Priest mit Iron Maiden zu verwechseln. Jede Band steckt akribisch ihren Claim ab. Reviergrenzen, in denen gedacht, getextet, komponiert und produziert werden darf.

Nun könnte man sagen: Das läuft doch im Pop oder Hip-Hop genauso. Mucke, Logo, Klamotte, Image, fertig. Und das stimmt zumindest ein bisschen. Trotzdem sind wir überzeugt, dass Hartwurstmusik als Versuchstier und Anschauungsobjekt für Branding und Positionierung am besten geeignet ist. Das liegt (neben dem von der energetischen Mucke vorgegebenen Larger-than-Life-Faktor) am in aller Regel lebenslangen Konsistenzstreben der Fans, einer Mischung aus Treue und Anhänglichkeit. Einmal Fan, immer Fan.

Da werden zur Not auch mal drei schwache Alben hintereinander gekauft. Der echte Metalfan springt auch nicht gleich vom Zug ab, wenn die nächste (TikTok-)Sau durchs Dorf getrieben wird. Von einer solchen Loyalität träumen Marken, CMOs und Agenturmenschen. Vielfach auch deshalb, weil im Produktmarketing zu viele Fehler gemacht werden und ein Claim bisweilen schneller gewechselt wird als die Unterhose. Beständigkeit baut Marken. Und Bands.

STILBRÜCHE UND BRUCHLANDUNGEN

Auch hier produzierte Heavy Metal in den Neunzigern den ultimativen Anschauungsunterricht. Als er nämlich von heute auf morgen für tot erklärt wurde. Plötzlich sollte alles Mist sein, was gerade noch Millionen Platten verkauft hatte: Gitarrensoli, aufgeblasene Images, blutrünstige Unter-der-Gürtellinie-Lyrics. Auf einmal wurde geflanellhemdet, gelitten, geheroint, gepierct, wenig geschwitzt, noch weniger Haare gewaschen, schlechte Stimmung verbreitet und tonal-emotional gleichgeschaltet. Tatütata, der Grunge ist da.

Eben noch hatten Judas Priest mit *Painkiller* eines der ewig wichtigsten Metalalben in den Weltäther gezimmert – und plötzlich wurde Heavy Metal in nie dagewesenen Dimensionen nicht nur als altmodisch gebrandmarkt, sondern leidenschaftlich vehement als tote, überflüssige Never-ever-again-Musik abgestempelt.

In dieser Zeit war es interessant zu beobachten, wie sich die schwermetallischen Bands unter dem Druck des Marktes (also in erster Linie der Plattenfirmenbosse) verhielten. Wer brach ein, beugte sich dem Druck von drohenden Plattenvertragsverlusten und passte sich der Welle an, hielt sein Fähnchen ein knappes Jahrzehnt lang in den Wind?[17] Und wer stand zu seiner Kunst und nahm unweigerlich immense finanzielle Einbußen hin?[18]

In dieser Betrachtung noch interessanter: Wann sprangen welche Teile der Zielgruppe ab? Welche Erneuerungen und Wandlungen wurden von den verbliebenen Fans (nicht) toleriert? Und wie lange mussten sich die »Wendehälse« nach Abebben der Grunge-Welle ihre Reputation wieder neu erkämpfen? Man denke nur an die in den Neunzigern völlig hilflos agierenden Scorpions. Auch der Branchenprimus Metallica ist für seine damalige Fahnenflucht bis heute von vielen Fans noch nicht wieder heiliggesprochen worden.

Auf der nach oben offenen Cringe-Skala der Markenwelt ist das Ganze nur mit dem »New Coke«-Stunt zu vergleichen , als Coca-Cola sich anschickte, die Rezeptur der beliebten Blubberbrause zu ändern.[19] Nicht jede Band war danach so souverän wie der verantwortliche Manager Don Keough, der das Fiasko später einmal so kommentierte:

> Einige Kritiker werden sagen, dass Coca-Cola einen Marketing-Fehler gemacht hat. Einige Kritiker werden sagen, dass wir das alles von vornherein so geplant haben. Die Wahrheit ist, dass wir weder so dumm noch so klug sind.

ÜBER HEAVY METAL B®ANDS

METALLISCHE MARKENSPIELE

Wir hoffen, mit den bisherigen Ausführungen unser Ansinnen deutlich gemacht zu haben: Metal ist schön, Metal ist laut, Metal ist geil. Metal ist aber auch Business. In der Szene geht es, allen Gegenkultur-Attitüden zum Trotz, auch um Mücken, Mäuse und Mammon. Um Kohle, Knete und Kröten, um Schotter, Steine und Scheine. Unter diesem Gesichtspunkt wollen wir einige herausragende Protagonisten des schwermetallischen Universums näher beleuchten.

Uns interessieren allerdings nicht so sehr die weiter oben aufgeführten Merchandising-Kunststückchen, sondern eher die *grundsätzlichen Positionierungen* und die unterliegenden Kommunikationsstrategien verschiedener Bands und Künstler im schwermetallischen Klangkosmos. Konkret geht es um folgende Combos: Black Sabbath, Ozzy Osbourne, Metallica, Megadeth, Iron Maiden, Dream Theater, Rammstein, Manowar, Motörhead und Mötley Crüe. Warum haben wir uns für diese zehn Lichtgestalten entschieden?

- Allen diesen Metal B®ands ist gemeinsam, dass sie seit mehreren Jahrzehnten erfolgreich am und im Markt bestehen.[20] Das spricht einerseits für ihre musikalische Qualität, andererseits aber auch für eine nachhaltige Markenarbeit und Positionierung im Wettbewerb, die im Musikbusiness (mindestens) genauso wichtig ist wie in jeder anderen Branche. Wir gehen also schwer davon aus, dass es hier etwas zu lernen gibt.
- In diesem Sinne gehen wir zudem davon aus, dass es sich bei allen Beispielen um Household Names im weitesten Sinne handelt. Auch wer kein Metalfan ist, hat mit hoher Wahr-

scheinlichkeit schon mal von diesen Gruppen und Künstlern gehört.

* Des Weiteren haben wir uns für diese Metal B®ands entschieden, weil sie aus unserer Perspektive exemplarisch für verschiedene »ewige« Strategien des Marketings und der Kommunikation stehen. Sie haben sich über die Zeit hinweg einen prototypischen Status erarbeitet, beispielweise als Marktführer, als Underdog oder Technologieführer, als Enfant terrible, Evergreen oder Erfolgsmodell in der Nische.[21]

WER ZUM TEUFEL SCHREIBT SO ETWAS?

Nico Rose ist Psychologe und war ab dem 40. Lebensjahr nach einer supererfolgreichen[22] Karriere in der Wirtschaft rund drei Jahre Professor für Wirtschaftspsychologie an einer Business School. Die Positionierung von Produkten und Unternehmen interessiert ihn aus unterschiedlichen Perspektiven: Nach ersten Berufserfahrungen bei L'Oréal (weil er es sich wert war ...) schrieb er eine Doktorarbeit über die strategische Steuerung von FMCG-Unternehmen.[23] Parallel dazu arbeitete er in einer Unternehmensberatung für Kunden wie BMW und American Express. Nach Abschluss der Promotion war er für Bertelsmann tätig und verantwortete als Vice President u.a. das Employer Branding auf Gruppenebene, bevor er Professor an der ISM in Dortmund wurde.

In der Zeit an der Hochschule schrieb er einige leidlich erfolgreiche Bücher über Führung und Personalmanagement. 2022 wechselte er in den Freiberuf, gab einer privaten Leidenschaft deutlich mehr Raum – und verfasste den *Spiegel*-Bestseller *Hard, Heavy & Happy: Heavy Metal und die Kunst des guten Lebens* (Heyne). Er ist seit seinem 14. Lebensjahr Headbanger und betreibt seit 2018 auf Facebook das »Ministerium für Schwermetall« mit mehr als 50.000 Followern.

Götz Ulmer hat Kommunikationsdesign studiert und verbrachte den Großteil seines Berufslebens bei Jung von Matt, zuletzt viele

Jahre als Vorstand und Kreativchef. In dieser Kapazität war er mit seinen Teams verantwortlich für einige der besten, fiesesten und einprägsamsten Slogans und Kampagnen, die sich tief ins kollektive Bewusstsein des deutschen Sprachraums gelötet haben. So zum Beispiel »3, 2, 1, meins« für eBay, »Like a Bosch« für – na ja – Bosch oder »Is it love« für Mini. Zudem sorgte er mit der Musik in Vodafone-Werbespots für vier Platin- und zwei Goldauszeichnungen – darunter zwei Nummer-eins-Songs. Leider Pop. Von Anfang 2021 bis Ende 2022 war er Chief Creative Officer der McCann Worldgroup in Deutschland. Er ist einer der höchstdekorierten und bekanntesten Werbemanager der Republik.

Ulmer lehnt herkömmliche Kreativitätswerkzeuge ab. Er glaubt an die schöpferische Kraft der Anarchie. An diesem Punkt kommt auch seine jahrzehntelange Leidenschaft für Punk, harten Rock'n'Roll und Heavy Metal ins Spiel. Seine Überzeugung: Erstklassige Musik muss immer ein wenig gefährlich sein, richtig gutes Marketing auch. Auf jeden Fall bringt beides dann mehr Freude.

Wir sind recht unterschiedliche Menschen – aber irgendwie mögen wir uns. Genug, um dieses Buch miteinander zu schreiben. Zudem engagieren wir uns gemeinsam im Verein Metality e. V., der die Werte des Metal in die Welt trägt, indem er Headbanger lokal vernetzt und gleichzeitig humanitäre Projekte initiiert.

WASCHZETTEL

Die Hauptkapitel des Buches sind einheitlich strukturiert.

- In jedem Abschnitt stellen wir zunächst eine der zuvor genannten, wegweisenden Bands der Metalszene vor. Wie ist sie in die Welt gekommen? Was treibt die Gruppe an? Was treibt sie um? Was macht sie so besonders?[24]

- Dann arbeiten wir heraus, mit welchen Marketingprinzipien, -haltungen und -methoden es die jeweilige Band schafft, über eine so lange Zeit erfolgreich am Markt zu bestehen.
- Anschließend stellen wir zur weiteren Orientierung Unternehmen, Marken oder Kampagnen aus der nichtmetallischen Welt vor, die nach unserem Dafürhalten ebenfalls mit ihrem jeweiligen Marketingspiel erfolgreich sind. Was funktioniert, wo werden aber auch Fehler gemacht?
- Ferner werfen wir jeweils einen kurzen Blick in die Marketingforschung und angrenzende Disziplinen, um unsere Ansichten mit Erkenntnissen aus der Wissenschaft zu untermauern.
- Jedes Kapitel schließt mit einer kurzen Zusammenfassung sowie einigen Hinweisen zu Dos und Don'ts für die Praxis.

Es gibt nach unserer Ansicht keine Notwendigkeit, *Heavy Metal B®ands* von vorne bis hinten durchzulesen. Die zehn Hauptkapitel stehen jeweils für sich. Wir haben mit Black Sabbath angefangen, weil im Metal einfach vieles mit genau dieser Band in die Welt gekommen ist. Und von Black Sabbath kann man nicht ohne die anschließende Solokarriere von Ozzy Osbourne sprechen. Danach hört es aber schon auf mit der gemeinen Logik. Fühlen Sie sich frei, wild zu stöbern, zu explorieren – und auch zu ignorieren. Bevor es nun wirklich, wirklich losgeht, bleibt allerdings noch eine wichtige Frage zu klären.

WARUM, IN LEMMYS »GEHEILIGTEM« NAMEN, GIBT ES DIESES BUCH?

Nun, warum klettert man auf den Mount Everest? Weil er da ist. Warum schreibt man so ein Buch? Weil es noch *nicht* da ist. An diesem Punkt kommen wir ins Spiel. Über Marketing und Positionierung ist schon alles gesagt worden, aber noch nicht von jedem. Insbesondere nicht von *uns*. Und das kann doch beim besten Willen so nicht bleiben. Zudem: In einer Welt, in der Brand Building und

Marketingkommunikation immer komplexer werden, ist es gut, ein paar simple Glaubens- und Grundsatzregeln zu verinnerlichen.

Jetzt ist es so: Wir sind nicht mehr jung und das Geld brauchen wir auch nicht.[25] Als Ausrede für die kommenden zweihundertdrölfzig Seiten bleibt da nur wahrhaftige Leidenschaft. Uns eint die Faszination für erstklassiges Marketing, für Positionierung, für Kreativität und Kreation.[26] Ebenso eint uns die Passion für harten Rock und Heavy Metal, für diese dreckige, laute, wunderhübsche Gitarrenmusik. Unsere beiden Leidenschaften möchten wir in *Heavy Metal B®ands* zusammenbringen und mit Ihnen teilen.

- Wir glauben, dass der Blick durch die Brille der schwermetallischen Musik frische Impulse für Ihre Marketingaktivitäten liefern wird. Obwohl Zufälle immer eine Rolle in der Erfolgsgeschichte von Künstlern spielen, ist deren langfristiger Erfolg *kein* Zufall. Dahinter stehen Enthusiasmus, harte Arbeit und eben auch: intelligentes Marketing. Hier gibt es einiges zu lernen, selbst wenn Sie Maschendrahtzaun produzieren, Bequemschuhe vertreiben oder als Steuerberater vor sich hin reüssieren.
- In diesem Sinne hoffen wir, dass Sie sich von den Ideen und Konzepten in diesem Buch inspirieren lassen. Auch wenn Sie Metal für eine auditive Zumutung, Metallica für eine Filtertütenfirma und Rammstein für ein Verbrechen wider die guten Sitten halten, glauben wir, dass es von der Markenarbeit dieser Bands eine Menge zu lernen gibt. Egal ob es um produktbezogenes Brand Management, Unternehmenspositionierung oder auch das bewusste Gestalten einer eigenen Personenmarke geht.
- Schließlich wünschen wir Ihnen, dass Sie Spaß beim Lesen haben. Alles an und in diesem Buch ist ernst gemeint, geht aber doch am besten mit einem Schuss Humor runter. Das Leben als solches ist eine verdammt ernste Sache, die Welt des Business sowieso. Mit einem gerüttelt Maß an Ironie und

Sarkasmus haben wir, die Autoren, mehr Freude daran und hoffen inständig, dass Ihnen das genauso gehen wird.

Noch ein allerletzter Hinweis: Die Gedankenspiele in diesem Buch sind nicht der Weisheit letzter Schluss. Marketing ist bei aller modernen Datenfundierung immer auch Anschauungssache. Die beiden Autoren haben bis zuletzt viel gerungen. Mit den Zuordnungen von Bands zu Marketingprinzipien und umgekehrt, mit einzelnen Formulierungen und ganzen Passagen. Und auch viel untereinander. Nicht immer waren wir uns zu hundert Prozent einig.

Nico war die längste Zeit Marketingmanager und einige Jahre Professor, er kommt eher über die Einflugschneise der strategischen Positionierung zu seinen Themen. Götz ist Designer und mit Leib und Seele »ein Kreativer«. Er beleuchtet Themen stärker aus Sicht der Marken*kommunikation*, bis runter auf die Ebene einzelner Kampagnen. All das hat seinen Platz in *Heavy Metal B®ands*, all das begründet die Konvergenz – und manchmal auch die Dissonanz – unserer Ideen.

Dissonanzen gehören fest zur tonalen Struktur des Metal. Von daher spürt man unsere Dissonanzen in diesem Buch: Manche Zuordnungen sind nicht ganz trennscharf und die Bands bedienen sich naturgemäß nicht immer konsistent nur einer Marketingblaupause. Dasselbe gilt für die im Buch vorgestellten Marken aus dem echten Leben. Wir liefern hier Annäherungen, unsere Texte sollen atmen, haben ein paar Haken und Ösen. Und Sie, geneigter Leser, dürfen sich daran reiben,[27] so wie wir uns untereinander gerieben haben. Und jetzt, wirklich, endgültig: ran die Buletten![28] Alle Synapsen auf elf und rein ins Buch. Viel Spaß!

Anmerkung: In diesem Buch wird auf eine Unmenge von Marken, Werbespots und andere Onlinequellen Bezug genommen. Wir möchten aber keine URL-Wüste produzieren. Soweit zugänglich, finden Sie dieses Material (und noch mehr) auf: www.metalbrands.de

Kapitel Eins

INNOVIEREN

WENN DU ES ERFUNDEN HAST

I need someone to show me
The things in life that I can't find
(PARANOID | PARANOID, 1970)

Der Teufel ist ein Eichhörnchen. Außerdem hat er den Schnaps gemacht (… um uns zu verderben). Zudem steckt der Teufel im Detail. Und manchmal, ja manchmal versteckt er sich zwischen drei Musiknoten. Die Rede ist vom sogenannten Tritonus, einer Tonfolge, die auch als Teufelsintervall bezeichnet wird. Zum einen, weil sie für die meisten Ohren schaurig, düster und bedrohlich klingt. Zum anderen, weil die Katholische Kirche sie angeblich im Mittelalter aufgrund des teuflischen Klangs verbieten wollte.[29] Jener teuflisch-verteufelte Klang ist eng verwachsen mit dem Gründungsmythos des Heavy Metal als eigenständigem Musikstil.

Ende der 1960er-Jahre versuchten vier junge Männer namens Anthony »Tony« Iommi (Gitarre), Terence »Geezer« Butler (Bass), William »Bill« Ward (Schlagzeug) und John »Ozzy« Osbourne (Gesang) durch eine Karriere als Profimusiker der Tristesse eines immer noch vom Krieg gezeichneten Vororts von Birmingham zu entkommen. Nach einigen Namenswechseln und Experimenten mit der Besetzung hämmerten sie am 16. Oktober 1969 in nur zwölf Stunden das Debutalbum *Black Sabbath* ein. Die Schallplatte wurde im Februar 1970 im Vereinigten Königreich und im Juni in den USA veröffentlicht. Trotz zum Teil vernichtender Kritiken seitens der Musikpresse verkaufte sich die Scheibe wie geschnitten Brot.

WER HAT'S ERFUNDEN? JEDENFALLS NICHT DIE SCHWEIZER[30]

Weitaus wichtiger als die reinen Verkaufszahlen ist jedoch das Folgende: Vielen Musikexperten gilt dieses Album als der Urknall des Heavy Metal. Jener Moment in der Musikhistorie, da sich diese schaurig-schöne Kunstform von ihren Wurzeln im harten (psychedelischen) Rock löste – durch schieren akustischen Wumms, atmosphärische Düsternis und einen ordentlichen Schuss lyrischen Okkultismus.[31]

Genau an diesem Punkt kommt auch das Teufelsintervall ins Spiel: Es prägt das Hauptriff des Songs »

«, welcher das gleichnamige Album eröffnet, nach einem Intro aus Gewittergeräuschen. Die Inspiration dafür stammt von dem Komponisten Gustav Holst. Der Tritonus zieht sich durch den Auftakt des »Mars« aus seiner Suite *Die Planeten*. Geezer Butler spielte ein Extrakt davon auf seinem Bass, Gitarrist Tony Iommi hörte dies und kam am nächsten Tag mit dem Riff zurück in den Proberaum. Die Lyrics wiederum basieren auf einer Teufelserscheinung; Butler interessierte sich damals für Okkultismus, lebte in einem schwarz gestrichenen Zimmer mit umgedrehten Kreuzen an der Wand. Eines Tages wachte er auf und sah eine schwarze Gestalt am Ende seines Bettes, die auf ihn zeigte. Auf Basis dieser Schilderung schrieb Ozzy Osbourne die ersten Textzeilen: »What is this that stands before me? Figure in black which points at me«.

Da ward er geboren, der Heavy Metal (zumindest in seiner Proto-Form), auch wenn der Begriff als Bezeichnung für eine eigenes Genre erst später in die Welt kam.[32] Der harte, rifflastige und irgendwie auch zähflüssige Gitarrensound Iommis, gepaart mit der wuchtigen Rhythmussektion aus Ward und Butler, darüber der hohe, irritierend-wehklagende Gesang von Ozzy Osbourne, dazu die düsteren und symbolschwangeren Texte: Das hatte die Welt *so* noch nie gehört. In seiner Sabbath-Biografie *Symptom of the Universe* schreibt der Journalist Mick Wall:[33]

> **What Sabbath achieved on their first album wasn't just heavy, it was monumental; game-changing.**

Black Sabbath bildeten einen geschwärzten, angeschwefelten, glasklaren Kontrapunkt zu der sich schon im Abschwung befindenden Hippie-Bewegung. Wo man kurze Zeit zuvor aus Protest – aber wohlig frohlockend und mit Blumen im Haar – nach San Francisco gehen wollte, sahen die jungen Männer aus Birminghams Arbeiterschicht einfach nur noch Schwarz. Der Psychologe Steve Taylor schreibt dazu in einem Aufsatz:[34]

> **Die Dunkelheit ihrer Umgebung wurde zur Dunkelheit ihrer Musik, auf eine reine und ursprüngliche Art und Weise und mit einer kraftvollen spontanen Kreativität, die – paradoxerweise – der Musik eine erhebende, transzendente Qualität verlieh.**

Dieser neue Sound gefiel jedoch beileibe nicht jedem. Die Musikkritiken sollten mit schöner Regelmäßigkeit vernichtend bleiben, selbst als Sabbath schon Weltstars waren. Glaubt man Ozzys Worten in seiner Autobiografie, so schrieb ein Kritiker über das das dritte Album *Master of Reality*, die Band klinge wie die »Hausband der Titanic am Vorabend der Apokalypse« – und das war noch einer der freundlicheren Verrisse.[35] Doch das Ganze faszinierte genug vorrangig junge Menschen, um etwas Gewaltiges loszutreten: eine neue musikalische Bewegung. Die Zahl von Protagonisten in der Metalszene, die wegen der Musik von Black Sabbath erstmalig ein Musikinstrument in die Hand nahmen, geht auf keine Kuhhaut.

INNOVATION DURCH BEGRENZUNG

Exorbitant wichtig für den eigenständigen Sound von Black Sabbath war eine höllisch schmerzhafte Erfahrung. Tony Iommi verlor mit 17 Jahren bei einem Arbeitsunfall die Fingerkuppen des Mittel- und Ringfingers an seiner Greifhand, also jener Hand, die beim Spielen die Töne und Akkorde greift. Die Ärzte sagten ihm damals, er solle die Musikträume an den Nagel hängen. Der ehrgeizige Musiker fiel in eine (professionelle) Depression. Doch es sollte ganz anders kommen.

Ein Vorarbeiter der Fabrik, in der sich der Unfall ereignet hatte, spielte Iommi Platten des Jazzgitarristen Django Reinhardt vor.[36] Dieser hatte bei einem Brandunfall ebenfalls die Funktion zweier Finger eingebüßt – und brachte es trotzdem zu Weltruhm. Iommi schöpfte neuen Mut und bastelte sich in mühevoller Kleinstarbeit mit Leder beklebte Plastikprothesen als Ersatz für die abgetrennten Fingerkuppen. Mit diesen konnte er, anfangs nur unter großen Schmerzen, wieder seine Klampfe beackern. Er verwendete besonders dünne Saiten, zunächst solche, die eigentlich für das Banjo gemacht waren, später auch spezielle Gitarrensaiten.

Bei Konzerten, ab dem dritten Album auch im Studio, stimmte er zudem die Saiten seiner Gitarren um mehrere Halbtöne herunter, weil die geringere Spannung ihm weniger Schmerzen beim Spielen bereitete. Geezer Butler musste mit seinem Bass naturgemäß nachziehen. Als Nebenwirkung entstand das manchmal lavaartige, meist jedoch auf kantigen Powerchords[37] basierende, mächtigmetallische Soundgewand, für das Black Sabbath bis heute geliebt und verehrt werden.

Es entbehrt nicht einer gewissen Logik, dass die Geschichte des Metal mit einer Verlusterfahrung und den damit verbundenen Schmerzen beginnen sollte. Die Geschichte zeigt, dass echte Neuerungen mit schöner Regelmäßigkeit nicht aus einer Position der Fülle heraus entstehen, sondern aus Begrenzung. Finanzielle, technische und sonstige Einschränkungen zwingen Unternehmen bisweilen, out of the box zu operieren, sprich: außerhalb der Grenzen und Spielregeln in einem gegebenen Marktumfeld. Ein Mangel, etwas, das scheinbar defekt ist, gibt den Impetus für eine kreative Form der Erneuerung. Manchmal ist weniger so viel mehr. Wie bei der Kosmetikmarke Dove, die plötzlich begann, in ihrer Werbung auf spindeldürre Models und Photoshop-Orgien zu verzichten (mehr dazu weiter unten).

DER NIMBUS DES ERSTEN

Mittlerweile stehen Black Sabbath nicht mehr für Erneuerung. Kein Wunder, alle Gründungsmitglieder sind über 70 Jahre alt, die Band gilt seit 2017 als aufgelöst. Das jüngste Studioalbum erschien 2013, das letzte davor war zu diesem Zeitpunkt bereits 18 Jahre alt – wenn man das Album *The Devil You Know* ignoriert, 2009 unter dem alternativen Bandnamen Heaven & Hell veröffentlicht. Die Jahrzehnte nach dem Rauswurf des ursprünglichen Sängers Ozzy Osbourne im Jahr 1979[38] waren gekennzeichnet von stetigen Wechseln im Lineup, mal unter Beteiligung der Gründungsmitglieder, mal mit kurzlebigen Gastspielen anderer Musiker. Mehrfach befand sich die Band im Quasi-Ruhestand. Einzige Konstante und treibende Kraft über die Jahre blieb Tony Iommi.

Das ändert jedoch rein gar nichts an der Tatsache, dass die Band und alle vier Gründungsmitglieder bis heute als Godfathers of Heavy Metal gelten. Die fünf Alben zwischen 1970 und 1973 waren stilprägend und wegweisend für das damals aufkeimende Metalgenre. Auch wenn die Gruppe in den folgenden Jahren einige von vielen Experten als schwach und uninspiriert eingestufte Alben veröffentlichte, ging der Nimbus als Schöpfer und Innovatoren niemals verloren.

Black Sabbath stehen damit in einer Tradition von Marken wie Coca-Cola, Mercedes Benz oder Kellogg's. Sie alle können für sich in Anspruch nehmen, etwas fundamental Neues in die Welt gebracht zu haben, Schöpfer ihrer eigenen Produktkategorie zu sein. Auch diese Unternehmen haben in ihrer jeweils weit über hundert Jahre währenden Geschichte nicht immer »erfolgreich abgeliefert«. Man denke erneut an das »New Coke«-Desaster von 1985.[39] Langfristig blieben sie jedoch über die Maßen erfolgreich und haben sich tief in das konsum-kulturelle Gedächtnis der Welt eingebrannt.

Selbst wenn Black Sabbath heute keine »neuen Produkte« mehr auf den Markt werfen, sind und bleiben sie doch ein essenzieller Teil des Metalkanons. Wer ein autorisiertes Mitglied der Metal-community sein möchte, hat eine gewisse Sabbath-Werkkenntnis vorzuweisen, sonst wird man kaum ernst genommen. Wie in einer Stammeskultur werden jüngere Mitglieder der Metal-community durch ältere Mitglieder (oft Väter oder ältere Geschwister beziehungsweise Freunde) initiiert und unterwiesen. So wird auch eine historische Kontinuität innerhalb der Szene hergestellt. Man steht in der Metalkultur immer auf den Schultern von Riesen, es wird gerne und mit Freude zitiert.[40] So können Fans, aber auch Künstler, deren Eltern noch nicht mal geboren waren, als Alben wie *Paranoid* erschienen, sich in einer Traditionslinie mit den Gründervätern wähnen.

PUNK ALS DISRUPTION

Wie angedeutet, gibt es durchaus ein paar Dellen in dieser Sabbath-Traditionslinie. Insbesondere die letzten beiden Alben mit Ozzy am Mikro von 1976 und 1978 werden regelmäßig als schwach beurteilt. Es wirkte so, als hätte die Band, gezeichnet vom immensen Drogenkonsum aller Beteiligten, Vision und Fokus verloren. Mal wirkte man im Vergleich zu aufstrebenden Bands wie Van Halen[41] plötzlich rückwärtsgewandt oder jagte mit Keyboard-Dudelei im Stil von Progrockbands der Siebziger zu deutlich dem Zeitgeist hinterher.

Ganz allgemein wurde die Metalszene gegen Ende jenes Jahrzehnts zum ersten Mal für tot erklärt.[42] Neben der grassierenden Discowelle sollte für einige Jahre der Punk auf die große Musikbühne rücken und viele angestammte Rock- und Metalbands in den Schatten stellen.

Dabei erfüllt Punk als Musikstil in vielerlei Hinsicht die Merkmale einer *disruptiven Innovation*, wie sie von dem 2020 verstorbenen Harvard-Professor Clayton Christensen beschrieben wurde.[43] Im Rahmen von disruptiven Innovationsprozessen treten Konkurrenten in einen Wettbewerb ein – jedoch nicht mit dem Ziel, das bestehende Angebot graduell zu verbessern (inkrementelle Innovation), sondern um den Markt gewissermaßen von unten aufzurollen. Es werden beispielsweise kostengünstige Produkte angeboten, die zu Anfang kaum den Ansprüchen der Mainstreamkunden genügen, mit der Zeit aber an Traktion gewinnen und somit, unter gewissen Umständen, frühere Erfolgsprodukte obsolet machen können.

Ein Beispiel ist das Ford Modell T von 1908. Die »Blechliesel« war einerseits kein schnelleres Pferd, andererseits aber auch weit entfernt von den ersten Motorkutschen: günstiger durch die neuartige Massenfertigung, einfacher zu bedienen, haltbarer durch Fortschritte in der Materialbearbeitung. Repräsentierten frühere Automobile lediglich teure Spielzeuge für wenige, war dies das erste »mobile for the masses«.[44]

Punkmusik mit ihren geringen Ansprüchen an die musikalische Kunstfertigkeit (aber hohen an die Attitüde) war im Grunde auch ein Erfolgsprodukt von unten. Plötzlich musste man sich nicht mehr jahrelang in einem versifften Proberaum die Finger blutig schrubben oder wirklich singen können. Allerdings war der Punk Disruption nur kurzfristiger Erfolg beschieden. Während die Szene recht bald in stilistischer Einfallslosigkeit stagnierte, nahmen die ersten »Söhne von Sabbath« die filigranbrachialen

Fäden aus den frühen 1970ern wieder auf und vermischten sie mit der rohen Energie und Geschwindigkeit des Punk. Derart gebaren sie neue, global erfolgreiche Metalbabys, beispielweise die New Wave of British Heavy Metal (à la Diamond Head und Satan) und kurze Zeit später den Thrash Metal (à la frühe Metallica oder Slayer).

Etwa zehn Jahre später, zu Anfang der 1990er, sah man Metal und seine Ahnen erneut dahinsiechen. Diesmal waren es jedoch nicht die drei Punkakkorde für ein Halleluja, sondern jene gefühlige Tristesse des Grunge, die den angestammten Metalbands, und damit auch Black Sabbath, den Thron im Olymp der Gitarrenmusik streitig machte. Unbestritten beherrschten Nirvana, Pearl Jam, Soundgarden & Co. ihre Instrumente besser als die Punks, aber auch im Grunge war eine bewusste Gegenbewegung zu erkennen. Insbesondere unter dem Eindruck von erfolgreichen Glam-Metal-Bands wie Mötley Crüe oder Poison stellte der »dreckige« und von Schmerz und Trauer erfüllte Grunge eine Rückkehr zu den Wurzeln dar – welche aber die Schöpfer eben jener Wurzeln vor große (kommerzielle) Probleme stellte.

Indes war die hohe Phase des Grunge ebenfalls ein vergleichsweise kurzlebiges Phänomen. Auch hier wurde schon nach wenigen Jahren eine gewisse Beliebigkeit erkennbar. Metal hingegen differenzierte sich weiter aus, zunächst im Untergrund, später auch wieder auf den großen Bühnen, in Black, Death, Doom, Groove, Progressive, Nu Metal usw. Heute, 30 Jahre später, zeigt er sich stärker und mächtiger denn je.

FRISCHER WIND MIT EINEM ZWERGENGOTT

Black Sabbath begegneten dem eigenen kreativen Abschwung und der Herausforderung durch den Punk damals mit einem radikalen Schnitt, fast möchte man sagen: einem Akt der Selbst-Disruption. Der »Madman« Ozzy wurde 1979 entlassen und für die nächsten beiden Alben durch den nur knapp über 1,60 Meter messenden, aber mit einem göttlichen Organ ausgestatteten Ronnie James Dio ersetzt, der sich zuvor als »Man on the Silver Mountain« in der Band Rainbow einen übergroßen Namen gemacht hatte.[45]

Durch seine mystisch angehauchten Texte, gepaart mit der wuchtigen Stimme und einer hypnotischen Bühnenpräsenz, hauchte er Black Sabbath neues Leben ein. Obgleich der wahre Ursprung vermutlich nie zufriedenstellend geklärt werden kann, gilt Dio als jener Protagonist, der die Mano cornuta (die Pommesgabel) als Marken- und Erkennungszeichen des Metalzirkus etablierte. Die beiden Werke mit Black Sabbath, *Heaven and Hell* von 1980 sowie *Mob Rules* von 1982, gelten als Meilensteine des Genres.

Oftmals, wenn bei Sabbath nicht mehr viel ging, kam Ronnie James Dio kurzfristig zurück, um der Band einen kreativen Arschtritt zu verpassen. (So wie die Bayern immer Jupp Heynckes anrufen, wenn man unter dem aktuellen Trainer mal zwei Spiele am Stück verloren hat.) 1992 für das Album *Dehumanizer* und in den Zweitausendern, wie bereits erwähnt, für eine kurze Phase, in der Tony Iommi und seine Mitmusiker unter dem Namen Heaven & Hell auftraten. So will es der Lauf der Dinge: Auch Erfinder müssen sich ab und an neu erfinden. Der Nimbus des Innovators ist mächtig. Trotzdem gilt es auf der Höhe der Zeit zu bleiben.

Wer nicht mit der Zeit geht, geht mit Zeit. Der Ruhm des Schöpfers bezieht seinen warmen Glanz aus der Vergangenheit. Aber wenn es dem Kunden nicht mehr schmeckt, ist irgendwann der Ofen aus. Tony Iommi und Black Sabbath haben ein solch unrühmliches Ende, trotz einiger Tiefpunkte, immer wieder elegant umschifft. Sie werden auf immer und ewig und im besten Sinne »die Ersten« sein. Black Sabbath *ist* Heavy Metal – und Heavy Metal *ist* Black Sabbath.

UND JETZT: WERBUNG

Wer hat's erfunden? Diesen Satz kennen wir mittlerweile alle. Die Marke dazu hoffentlich auch. Richtig, Ricola. Der Hustenbonbonhersteller aus der Schweiz war zwar nicht der einzige Erfinder von etwas Neuem, aber einer der ersten, die das Erstersein konsequent für sich geclaimt haben. Allerdings verwendet die Marke den Satz seit ein paar Jahren nicht mehr. Nachdem die Agentur Jung von Matt, die's erfunden hat, den Etat 2018 verlor, bekam ihn 2019 Publicis International und ersetzte das für Millionen von Euros verankerte Sätzchen durch: »Ricola. Alles Gute«. Das war ein bisschen so wie damals, als Judas Priest (ohne wirklichen Druck, außer dem Ruf von US-Radioplay-Schecks) die eingefleischten Ultras mit dem Album *Turbo Lover* überraschten. Richtig gut war beides nicht, und deshalb hielt sich diese »Idee« auch nur drei Jahre lang.[46]

Wer etwas Neues erfindet, hat zunächst ein Alleinstellungsmerkmal. Klar. Man kann dieses Momentum mit Betonung auf die Innovation für sich münzen und hoffen, dass die Zeit dafür bis zur Ankunft der Nachahmerhorde ausreicht. Oder man setzt von Anfang an konsequent auf Abgrenzung. So wie es Steve Jobs[47] bei der Einführung des iPhones tat. Bevor der berühmteste aller schwarzen Rollkragenpullover das neue Gerät vorstellte,[48] begründete er die Motivation seiner Firma traditionell mit der Ausrufung eines Feindbildes: Handys, die zu kompliziert und somit unsexy, uncool, umständlich und schlecht designt waren, wie die der damaligen Marktführer Blackberry, Ericsson, Motorola, Nokia etc. Oder kurz gesagt: alle anderen.

Die »Get a Mac«-Kampagne brachte diese Mechanik der Abgrenzung damals kongenial auf den Punkt. Eine in die Marketing-Annalen[49] eingegangene (und oft kopierte bzw. persiflierte) Mechanik von TV-Spots, in der Relevanz vs. Firlefanz in Form von zwei menschlichen Avataren in einem weißen Raum stehen und ihre technischen, aber auch konzeptionellen Unterschiede auf eine so lässige und unterhaltende Art rüberbringen, dass sie ohne Abnutzung fast einhundert Filmchen hergab. Nicht unerwähnt lassen wollen wir, dass sich viele durch diese Kommunikation *ausgeschlossen* fühlten und Apple als selbstgefällige Arschlöcher für immer aus ihrem Relevant Set geräumt haben. Wir merken uns: Wer etwas Neues macht, wird immer auf Widerstand stoßen. Ob als Marke, als Produkt oder als Kampagne.

Und warum? Weil »Neu!« immer auch bedeutet: keine Testergebnisse, keine Erfahrungswerte, keine Referenzen, kein Sicherheitsnetz. So weit, so Binse. Hat man als Bullet Points schon tausendmal auf Coaching-Seminaren gehört und bleibt doch unverändert korrekt. Warum? Weil es für die einzelnen Entscheider bedeutet: mehr Arbeit, mehr Angst, weniger Komfort. Später nach Hause kommen, eventueller Job- oder Finanzverlust und im schlimmsten Fall Beispiel Nummer 1 für gescheiterte Pionier-Maßnahmen in Keynotes zukünftiger Besserwisser.[50] Es ist immer einfacher, Risiken hervorzuheben und auf Grenzen zu verweisen, als sich auf ein Wagnis einzulassen und unvergessliche Erlebnisse oder Emotionen zu schaffen. Denn Bedenkenträger tragen alles, nur keine Ideen durchs Ziel, liebe Kinder.

Also, schauen wir uns doch mal ein paar bahnbrechende Beispiele der Werbegeschichte an (ohne Wert auf Vollständigkeit zu legen), bei deren Umsetzung die Menschen wahrscheinlich die eine oder andere schlaflose Nacht hatten und trotzdem als Sieger vom Platz gingen. Denn nichts ist süßer, als Erster gewesen zu sein. Fragen Sie mal Buzz Aldrin …

BUDWEISER: WHASSUP?

Freunde, wir sprechen hier von der Mutter aller Marken-Viralfilme (nein, auch ein spätes Geburtsjahr rechtfertigt keine

Unwissenheit). Viralfilme gibt es, seit das Internet fähig ist, bewegte Bilder zu versenden oder darzustellen. Marken taten sich lange Zeit schwer, Content zu erstellen, der in Lichtgeschwindigkeit um den Erdball geschickt wurde. Zum Teil, weil man auf Altbewährtes wie TV vertraute und weil »Witzlefilme« nur schwer mit einem Markenversprechen zu verbinden waren. Die Lösung: Man baue auf einem schon vorhandenen Stück Kreation auf (der Kurzfilm-True des Regisseurs Charles Stone III), drücke den Protagonisten beim Reshoot eine Flasche Bier in die Hand, und schon war der Weg in den Garten Eden geebnet.

Basierend auf dem Kurzfilm *True* des Regisseurs Charles Stone III, schlug die »Whassup?«-Kampagne ein wie eine Bombe. Im Gegensatz zu früheren bekannten Werbespots, die Teil der Popkultur waren, wurde diese Kampagne im Internet, das sich auf dem Sprung zur Normalität befand (und noch lange vor den sozialen Medien), massenhaft durch Mail-zu-Mail-Propaganda geteilt und fast unmittelbar parodiert.[51] Und trug dazu bei, mit ihren Nachzügler-Spots die Position von Budweiser als jugendorientierte Marke zu festigen. Zudem wurde hier die Akzeptanz für alle zukünftigen Marken-Viralerfolge wie Volvos »Epic Split«, den »Old Spice Man« und Edekas »Supergeil« geebnet. Um die Menschheit schließlich selbst mit drögen Themen wie der Sicherheit in U-Bahnen zu verzücken: »Dumb Ways to Die« für die U-Bahn in Melbourne.

COCA-COLA: SHARE A COKE

Nimm's persönlich: Die »Share a Coke«-Kampagne von Coca-Cola war ein weltweites Phänomen, erfunden in Australien und möglich gemacht durch den Siegeszug des Digitalprints, der es den Menschen erlaubte, Cola-Flaschen und -Dosen mit ihrem eigenen Namen oder dem ihrer Freunde und Familie zu personalisieren, um sie dann entweder physisch oder virtuell zu verschicken. Nur eine Marke, die so bekannt war wie der Brausehersteller aus Atlanta, konnte es sich leisten, das Firmenlogo komplett vom Produkt zu entfernen, um ihre Kunden aufzufordern, den Spaß (Happiness) in die eigenen Hände zu nehmen, anstatt ihn immer nur in TV-Spots aus zweiter Hand zu erleben. Das ließen sich Kunden auf der ganzen Welt nicht zweimal sagen: Zu groß war die Faszination, ein ikonisches Produkt, das seit Jahrzehnten immer gleich aussah, plötzlich mit etwas so Intimem wie dem eigenen Namen auszustatten.

DOVE: REAL BEAUTY

In seinen Anfangstagen hatte der Comedian Michael Mittermeier mal den bösen Spruch im Programm, viele Models seien so dünn, dass man sie nicht f...en, sondern füttern wolle. Dove hingegen sorgten mit ihrer legendären Kampagne für die Rückkehr normaler Menschen in die (Beauty-)Werbewelt. Kurz: Body Positivity. Die exzellente und visionäre Strategie – die eine echte menschliche Wahrheit für Frauen trifft – brachte einen Stein ins Rollen, der die Gespräche über weibliche Schönheit veränderte.

Es war eine deutliche Reaktion auf die in den Neunzigern losgetretene Size-Zero-Figur und die Photoshop-Exzesse der Nullerjahre in der Mode. Dove beförderte eine neue Definition von Schönheit, eine Definition, die Frauen von Selbstzweifeln befreit und sie ermutigt, ihre wahre Schönheit zu erkennen. Endlich wurden wieder normale Menschen und normales Verhalten im Marketing abgebildet. Zu bewundern ist das u. a. in dem großartigen, dreiminütigen Social-Experiment »Real Beauty Sketches«.

WREN: FIRST KISS

»For the very first time«, schallte es uns jahrelang aus der Coca-Cola-Reklame entgegen. Doch hier geht es um etwas anderes – eines der ersten viralen sozialen Experimente (für

Marken). Und damit auch die Schablone für Hits wie »Run Like A Girl« von Always. Über diesen Film von Tatia Piliieva für ein kleines Modelabel aus Kalifornien scheiden sich noch heute die Geister. Ja, er war Mitbegründer und Auslöser des »Social Experiment«-Tsunamis, weil sein Thema universell berührend und immer noch anschaubar ist. Es ist diese für jeden spürbare Unbeholfenheit, die aufgrund der ungewöhnlichen Versuchsanordnung entsteht, wenn sich zwanzig Fremde aufgeteilt auf zehn Paare gegenüberstehen, um sich unbekannterweise zu küssen. Diese Verlegenheit verwandelt sich in sofortige Intimität, die aus dem Bildschirm fließt, wenn sie sich dann tatsächlich zu küssen beginnen.[52] Da werden selbst harte Zeitgenossen zu ganz weichen.

Bis heute haftet diesem Meisterwerk der Vorwurf an, man könne sich nicht an den Absender erinnern.[53] Damit beinhaltet es auch ein bis heute unbeantwortetes Problem von Content jeglicher Art: Wie viel Marke und Branding darf es sein, damit sich die Leute unterhalten und nicht gestört fühlen? Und wie viel davon muss sein, damit die Leute auf jeden Fall in Erinnerung behalten, wer der Absender ist? Fünfzig Millionen hochgradig beglückte Herzchen-Emoji-Verteiler sollen nicht nur ihre Emotionen freudig teilen, sondern auch ihr Geld. Oder zumindest ihr Langzeitgedächtnis.

HONORABLE MENTIONS

Wir müssen unbedingt noch Burger King und ihren »Moldy Whopper« erwähnen – ein eklatanter Bruch so ziemlich aller Regeln im Food Advertising. Die Kampagne tritt den Beweis für die Natürlichkeit der Zutaten des Whoppers an, indem sie ihn verschimmeln lässt und davon hochästhetische Fotos macht. Sie bricht augenfällig mit dem seit Jahrzehnten bestehenden Foodgesetz: das zu konsumierende Gut möglichst vorteilhaft darzustellen. Schließlich ist Essen »Vertrauenssache«, wie es in Marketingkreisen von großen Lebensmittelkonzernen gerne mal heißt. Wohl bekomm's!

Und Apple war 2015 – schon wieder – wegweisend, diesmal mit dem Prinzip des Community Contents als Teil einer Kampagne für das iPhone. Community-Fotos gab es zwar schon früher, die wurden aber in erster Linie auf Blogs und in Fanforen veröffentlicht, nicht auf riesigen Billboards an neuralgischen Stellen in Megastädten. Die Kampagne war (und ist) so simpel wie atemberaubend: Sie zeigte schlicht, was die verbaute Kamera kann. Oder präziser: die Kamera zusammen mit einem Menschen, der ein Auge für Fotos hat.

BLICK IN DIE FORSCHUNG

Allgemein ist zunächst festzuhalten, dass eine Positionierung als First-Mover beziehungsweise Quelle einer eigenen Produktkategorie sehr einträglich sein kann. Von solchen Marken geht eine besondere Strahlkraft aus. Das hat unter anderem kognitionspsychologische Gründe: Experimente legen beispielsweise nahe, dass wir uns aus einem gegebenen Set von Marken besonders gut an solche erinnern können, die in unseren Köpfen als »die Ersten« abgespeichert sind (Kardes et al., 1993).

Ein weiterer Vorteil ergibt sich aus der Tatsache, dass First-Mover-Marken in der Regel als repräsentativ für ihre jeweilige Kategorie angesehen werden – manchmal bis zu dem Punkt, da der Markenname stellvertretend für alle Anbieter im Segment steht. Die anderen Marken werden vorbewusst mit dem Pionier verglichen, dieser gilt als Referenzrahmen, gegen den sich alle Mitbewerber behaupten müssen (Carpenter & Nakamoto, 1989).

Allerdings zeitigt die Tatsache, »der Erste« zu sein – und sich entsprechend zu vermarkten – nicht automatisch nachhaltigen Erfolg. Ob und wie sehr sich der First-Mover-Advantage finanziell auszahlt, hängt von verschiedenen Bedingungen des Marktes ab, zum Beispiel den Turbulenzen in der relevanten Umwelt und auch der Höhe der jeweiligen Markteintrittsbarrieren (Kerin et al., 1992).

Letztlich hängen die Erfolgsaussichten als Pioniermarke vor allem davon ab, wie schnell und umfassend sich die Technologien und Produktfeatures – und damit die Kundenwünsche – in einem Markensegment weiterentwickeln. Dort, wo sich Anforderungen schnell und radikal drehen, kann der First Mover auch schnell einmal alt aussehen (Suarez & Lanzolla, 2005). Die Welt des Heavy Metal ist eine sehr traditionsbewusste. Es gibt zwar immer wieder neue Strömungen, Stile und auch Veränderungen bei der zugehörigen Technik – aber letztlich ist viel auf Kontinuität ausgelegt. Von daher ist es auch kein Wunder, dass der Nimbus »des Ersten« hier besonders ausgeprägt und nachhaltig wirkt.

Schließlich sollte gesagt werden, dass auch Unternehmen und Marken, die später in einen Markt eintreten, durchschlagenden Erfolg haben können (Shankar et al., 1998). Alles andere wäre im Grunde auch tragisch, denn die Position als »der Ursprung« ist natürlich nur wenigen Marken beschieden. In einer solchen Situation ist es erfolgskritisch, innerhalb des bestehenden Rahmens als innovativ zu gelten, beispielsweise, indem man fundamental neue Produktfeatures entwickelt oder auf innovative Kommunikationsmaßnahmen setzt. Als reiner Nachahmer wird man hingegen immer nur Mittelmaß bleiben.

ZUSAMMENFASSUNG UND TIPPS

* Eine Positionierung als Innovator, als der, »der es erfunden« hat, kann sehr ergiebig sein. Sie ist in der Lage, eine Marke lang und weit zu tragen. Zum einen, weil von diesem Status ein besonderer Reiz ausgeht, zum anderen, weil er naturgemäß schwer vom Wettbewerb zu kopieren ist.
* Wenn Sie also mit Ihrer Marke tatsächlich und nachweislich ein Innovator oder Schöpfer sind, kann es von enormem Vorteil sein, dies in Ihrer Positionierung prominent herauszustellen, im Design oder der begleitenden Kommunikation.
* Wie bei praktisch allen Positionierungsprinzipien hat Authentizität höchste Priorität. In diesem Fall ist sie allerdings noch wesentlicher, weil mitunter eine rechtliche Komponente mitschwingt. Der Status als Innovator, als Quelle und Urheber, ist aus gutem Grund heiß begehrt – so sehr, dass sich seit jeher viele Gerichtsverfahren um die Klärung solcher Fragen drehen.
* Gleichzeitig muss klar sein, dass nur wenige Unternehmen eine solche Position glaubhaft einnehmen können. Auf einen Innovator kommen naturgemäß viele, viele Nachahmer. Wichtig: Auch als Imitator kann man exorbitant erfolgreich sein, nicht selten viel erfolgreicher als die eigentlichen Innovatoren.
* Zum anderen ist eine solche Marktstrategie nur bedingt planbar. Selbstverständlich kann sich ein Unternehmen vornehmen, Innovationen bewusst zu fördern. Ob diese Entwicklungen vom Markt angenommen und wertgeschätzt werden, steht aber auf einem anderen Blatt. An diesem Punkt braucht es – so zeigen es die vielen Beispiele des Kapitels – den metaphorischen Arsch in der Hose.
* In diesem Sinne kann einer Organisation oder Person der Status als Ursprung auch im Nachhinein durch den Markt

»verliehen« werden. So wie auch Black Sabbath zu Beginn von vielen Kritikern verrissen wurden (und Jahrzehnte später in höchsten Tönen gelobt wurden, zum Teil von den gleichen Personen), kann es sein, dass es Jahrzehnte dauert, bis eine Innovation auch als solche anerkannt wird.

Bedenken Sie, dass Sie nicht über große Macht oder unbegrenzte Ressourcen verfügen müssen, um echte Innovationen in die Welt zu bringen. Es geht auch nicht um Perfektion oder darum, »der Beste« zu sein. Manchmal besteht die eigentliche Innovation darin, etwas wegzulassen, das alle Mitbewerber als gegeben voraussetzen. Bisweilen zeigt sich die entscheidende Neuerung durch etwas, das aus der Perspektive des Status quo beschädigt ist.[54]

Manche Marken trägt der Nimbus als Quelle und Urheber in ihrem jeweiligen Segment durch die Jahrzehnte, aber ein solcher Erfolg ist nicht garantiert. Je schneller sich entweder die Technologie oder die Kundenwünsche in einem Markt weiterentwickeln, desto kurzlebiger und weniger profitabel wird die Positionierung als First Mover sein.

Scannen Sie den Markt regelmäßig in Bezug auf erfolgreiche Nachahmer und echte disruptive Innovationen. Öffnen Sie sich für neue Kanäle der Kommunikation, um nicht den Anschluss an junge Zielgruppen zu verlieren.

Kapitel  Zwei

PROVOZIEREN

WENN DIE KIRCHE DICH VERBANNEN[55] WILL, HAST DU GEWONNEN

Wine is fine, but whiskey's quicker
Suicide is slow with liquor
(SUICIDE SOLUTION | BLIZZARD OF OZZ, 1980)

Ozzy ist nicht gut zu Vögeln. So könnte die Quintessenz eines mittlerweile 75-jährigen Lebenswerkes lauten, in dem John Michael Osbourne, wie der Sänger aus Birmingham mit bürgerlichem Namen heißt, mehr als 100 Millionen Platten verkauft hat, zunächst als Frontmann von Black Sabbath, ab 1980 auch als Solokünstler. Auf die Vögel kommen wir gleich genauer zu sprechen. Zunächst ist jedoch ein wenig Ehrerbietung angemessen.

Der Mann ist schon zu Lebzeiten ein Säulenheiliger und hat sich die Beinamen »Godfather of Metal« sowie »Prince of Darkness« redlich erarbeitet. Insbesondere wenn man – neben dem Kreieren von ewigen Meisterwerken der schwermetallischen Musik – auch jahrzehntelangen Missbrauch von Alkohol und harten Drogen auf den Stundenzettel schreiben möchte. Nachdem frühere Anwärter wie Ronnie James Dio und Lemmy Kilmister schon lange nicht mehr unter uns weilen, macht Ozzy, gemeinsam mit Rob Halford von Judas Priest, Top-Sharing als Obermotz im Rock-Olymp.

Jüngeren Menschen (abseits der Metalszene) ist Ozzy in erster Linie als verpeilter und nuschelnder Familienvater aus der MTV-Reality-Show *The Osbournes* bekannt, die er zu Beginn des Jahrtausends gemeinsam mit seiner Frau Sharon sowie den Kindern Kelly und Jack bestritt. Immerhin: Es gab damals einen Emmy und die zum damaligen Zeitpunkt höchsten MTV-Einschaltquoten aller Zeiten. Aus Sicht echter Metalfans war das Ganze, abgesehen von der durchaus vorhandenen Situationskomik, jedoch eher ein Trauerspiel. Der Fürst der Finsternis, der den Heavy Metal aus der Hölle geholt und in diese Welt verbracht hatte, als Lachnummer auf einem (na ja) Musiksender? Das tat tief im Metal Heart schon ein bisschen weh.

In den letzten Jahren ist es deutlich ruhiger um Ozzy geworden. 2020 und 2022 sind, nach längerer Pause, neue Alben erschienen. Doch aufgrund der Coronapandemie und gesundheitlicher Probleme konnte der Brite praktisch keine Liveauftritte mehr absolvieren und musste schließlich alle Tourneen endgültig absagen. In einer solchen Situation ist man in dieser schnelllebigen Zeit rasch weg vom Fenster. Wäre da nicht … ja, wäre da nicht die Tatsache, dass Ozzy nicht gut zu Vögeln (und anderen Tieren) ist.

SCHOCKSCHWERENOT

Wirft man den Namen Ozzy Osbourne in eine Gesprächsrunde, dann kommt auch bei Fans herkömmlicher Musik garantiert irgendwann die folgende Frage: »Ozzy Osbourne? Ist das nicht dieser Bekloppte, der mal einer Fledermaus den Kopf abgebissen hat?« Ja, ist er. Osbourne ist gemeinsam mit Alice Cooper, der sich im Rahmen seiner Konzerte als Showeinlage regelmäßig köpfen lässt, der Prototyp des Schockrockers. Doch während sich bei Vincent Damon Furnier, wie der Cooper im Bürgerlichen heißt,[56] die Skandale und Skandälchen weitgehend auf das Bühnengeschehen beschränk(t)en, war Ozzys Leben als solches über lange Jahre ein regelmäßiger Aufreger, insbesondere für die zartbesaiteten Gemüter unter der Sonne.

Schon während seiner Zeit bei Black Sabbath, die im Frühjahr 1979 mit seinem Rauswurf aufgrund überbordender Drogenexzesse (vorerst) endete,[57] lehrte der Sänger fromme Christenmenschen regelmäßig das Fürchten. Sabbaths musikalisches wie auch lyrisches Spiel mit okkulten Themen[58] rief von Beginn an die meist selbst ernannte Sittenpolizei auf den Plan. So richtig bunt, klein und komisch sollte es allerdings erst mit Beginn seiner Solokarriere werden.

VON TAUBEN UND ANDEREN DELIKATESSEN

Bevor Ozzy einer Fledermaus den Kopf abbiss, tat er Selbiges mit zwei lebendigen Tauben. Im Frühjahr 1981 hatte er gemeinsam mit seiner Managerin und späteren Gattin Sharon einen PR-Termin bei seiner amerikanischen Plattenfirma, just am Tag, an dem sein Solodebut *Blizzard of Ozz* in den USA veröffentlicht wurde. Die Stimmung zwischen Künstler und Label gestaltete sich in den Wochen vor dem Launch recht verschnupft, weshalb Ozzy am Ende des Meetings eben jene weißen Tauben als eine Art Friedenssymbol fliegen lassen sollte. Volltrunken und gelangweilt entschied sich der Fürst der Finsternis stattdessen, den unschuldigen Vögeln die Rübe abzubeißen und diese vor den versammelten Businesskaspern auf den Tisch zu spucken – bevor er schließlich vom Sicherheitsdienst aus dem Gebäude entfernt wurde.[59]

Während die Mitarbeiter der Plattenfirma völlig verstört zurückblieben, witterte die mit einem untrüglichen Geschäftssinn ausgestattete Sharon Arden, zukünftige Osbourne, Morgenluft. Sie kontaktierte eine PR-Agentur und sorgte dafür, dass die Vögelstory sich wie ein Lauffeuer verbreitete, später auch inklusive nachgestellter Fotos mit künstlichem Federvieh. Der Philosophieprofessor Christopher Moreman schreibt dazu in einem Aufsatz:[60]

Obwohl Ozzy immer behauptet hat, dass der Vorfall mit der Taube nicht geplant war, hat er dieses Verhalten einfach in seine Bühnenshow eingebaut und übernahm die Rolle des Verrückten.

Viele Musikexperten gehen davon aus, dass neben der unbestreitbaren Qualität des Albums letztlich dieser PR-Stunt den Erfolg von Ozzys noch junger Solokarriere beflügelte und dafür sorgte, dass sich der *Blizzard* bis heute über sieben Millionen Mal verkauft hat. Die armen Tauben starben somit irgendwie auch für den höheren schwermetallischen Zweck.[61] Wie's geschmeckt hat, ist nicht überliefert. So schlimm kann es allerdings nicht gewesen sein. Während seine Ehefrau Ozzys Karriere mit viel PR-technischem Biss vorantrieb, zeigte er auch nach dem Taubenmassaker, dass er kraftvoll zubeißen konnte.

DIE SACHE MIT DER FLEDERMAUS

Im Januar 1982m achte Osbournes Tourzirkus Halt in Iowa. Auch als Nachwirkung der Taubengeschichte aus dem Vorjahr war es damals Usus, dass Fans Gummitiere und rohes Fleisch mit zu den Shows brachten, um das Ganze auf die Bühne zu werfen, in der Hoffnung, der Sänger würde sich daran ergötzen. Die Band ihrerseits hatte nach übereinstimmenden Erzählungen ein kleines Katapult auf der Bühne, mit dem sie regelmäßig rohes Fleisch ins Publikum beförderte. Was sollen wir sagen? Waren andere Zeiten. Heute würde so etwas vielleicht auch nicht mehr die Kirche verbieten – aber unter Garantie die Lebensmittelaufsicht.[62] Jedenfalls kochten die Gerüchte hoch. Es wurde gemunkelt, Ozzy plane, bei einer der nächsten Shows eine Ziege in die Luft zu jagen. Tierschutzorganisationen protestierten vor jedem Gig. Check! Doch es kam anders.

Bei besagtem Konzert in Des Moines brachte der 17-jährige Mark Neal eine echte, nach eigener Aussage jedoch bereits verstorbene, Fledermaus mit zur Show, die sein jüngerer Bruder einige Tage zuvor gefangen hatte. Ozzy hielt das Geschoss für eines von vielen Gummitieren und biss der mutmaßlich jüngst verschiedenen Kreatur auf der Bühne den Kopf ab. Nur um festzustellen, dass sich sein Mund mit klebriger Flüssigkeit füllte. »Oh, alles rot«, hieß es dazu einst in einer Reklame von Blendax Anti-Belag. Der Rest ist Metalgeschichte.

Ozzy wurde nach der Show im örtlichen Krankenhaus behandelt, um eine Tollwutinfektion zu verhindern. Man muss schließlich, bei aller Kokserei, auf seine Gesundheit achten. Auf den Tag genau 39 Jahre nach diesem kulinarischen Trauerspiel lancierte Ozzys Marketingteam eine Plüschfledermaus, komplett mit abtrennbarem Kopf. Wenn schon Köpfe rollen, dann doch bitte auch der Rubel.

SKANDAL IM PLÄRRBEZIRK

Das absichtliche Herbeiführen beziehungsweise die geschickte Nutzung von unbeabsichtigten Skandalen ist eine ewige Masche der Positionierung, innerhalb und außerhalb des Musikbusiness. Während sich das, worüber sich Menschen echauffieren und empören, über die Jahrzehnte wandeln mag, ist die kommunikative Mechanik an sich unkaputtbar. Noch im aufgeklärten Jahr 2014 konnte Reality-Sternchen Kim Kardashian einfach mit ihrem voluminösen Hinterteil »das Internet sprengen« – rein metaphorisch, versteht sich.

Sie steht damit in einer jahrtausendealten Tradition, Publicity durch Grenzüberschreitungen zu erzielen. Und seien es auch nur die angenommenen Grenzen menschlicher Rundungen. Vom Kyniker Diogenes wissen heute die meisten Menschen – wenn sie überhaupt etwas wissen–, dass er in einer Tonne hauste und sich ab und zu in der Öffentlichkeit einen von der Palme wedelte. Wir meinen das nicht zynisch, aber: Ohne diesen PR-Stunt würde sich im Jahr 2023 vermutlich niemand mehr an den antiken Dreckspatz erinnern.

Wenn selbst weise Philosophen auf Schocktaktiken setzen, ist es kein Wunder, dass diese Marketingstrategie reichlich Anklang in der latent subversiven Welt der Metalmusik fand und findet. Die Liste der Bands, deren Musik und/oder Live-Auftritte verboten werden sollten, meist durch konservativ-christliche Kreise, ist so lang, dass man damit ein eigenes Buch füllen könnte. Neben Rammstein, die sich auch immer wieder der gezielten Provokation bedienen,[63] ist vor allem Marilyn Manson der Prototyp jener Künstler, die in jüngeren Metaljahren eine Karriere auf dem Image als Schockrocker aufbauen konnten.

VIEL RAUCH UM (FAST) NICHTS

Selbst wenn im Prinzip gar nichts passiert ist, kann ein echter Aufreger die Karriere beflügeln. Wir erinnern an den Auftritt der italienischen Band Måneskin beim Eurovision Song Contest 2021. Während der Auszählung der Punkte schwenkte die Kamera kurz auf die zur Spitzengruppe zählenden Nachwuchsrocker. Genau in diesem Moment beugte sich Frontmann Damiano David weit nach unten über einen kleinen Tisch, um (nach eigener Aussage) ein zerbrochenes Glas zur Seite zu schieben. Es sah aus dem Kamerawinkel allerdings schwer danach aus, als hätte er gerade eine amtliche Linie gezogen. Nun wäre das in der langen Rock'n'Roll-Geschichte weder das erste noch das letzte Mal gewesen. Beim quietschbunten, aber doch sterilen paneuropäischen Gesangsspektakel hätte dieser Akt allerdings ein Novum dargestellt.[64]

Neben der Tatsache, dass sich in dem Jahr ein hart groovender Rocksong gegen Schnulzen und Plüschpop durchsetzen konnte, bescherte der kurze Kameraschwenk Måneskin wochenlange europaweite Aufmerksamkeit. Ein Drogentest in den Tagen nach der Sendung machte dem Spuk ein Ende: Der Schnee von gestern war kein Pulver. Die Karriere der Italiener flog da aber schon sky-high.

PROTEST ALS PR-MASCHINE

Für einen echten Aufreger braucht es naturgemäß jemanden, der sich aufregt. Die – in Bezug auf Heavy Metal oft religiös motivierten – Spaßverderber standen dabei immer schon auf recht verlorenem Posten. Gerade für eine Jugendkultur (zumindest in den Anfangstagen) wie Heavy Metal gibt es doch keine schönere Promotion als die Bemühungen der Eltern oder des örtlichen Priesters, den Krempel zu verbieten. Wie viele Werke der Musik wären von der Öffentlichkeit verschmäht im Plattenregal verschimmelt, wenn sie nicht mit einem der begehrten »Parental Advisory«-Patches versehen worden wären?

Die Idee zu diesen Aufklebern beruht auf einer Initiative des 1985 gegründeten Parents Music Resource Centers (PMRC) unter Federführung von Tipper Gore, Ehefrau des späteren US-Vizepräsidenten Al Gore. Diese Organisation ist auch für die »Filthy Fifteen« verantwortlich, eine Liste von 15 nach Ansicht der Sittenwächter besonders jugendgefährdenden Musikstücken. Darauf finden sich neben Liedgut von Metallern wie Black Sabbath, Judas Priest, Venom, W.A.S.P. und Mercyful Fate allerdings auch Songs von Madonna, Prince oder Cyndi Lauper.

Wir wissen nicht, ob sich die betroffenen Künstler irgendwann einmal erkenntlich gezeigt haben, aber wir gehen schwer davon aus, dass die Protagonisten angesichts der zusätzlichen Umsätze im Stillen sicherlich mehr als einmal jubiliert haben.

Wir möchten allerdings nicht verhehlen, dass die Schocktaktik als Mittel der Positionierung auch ihre Schattenseiten hat. Beispielsweise wurden Judas Priest 1990 von den Eltern zweier junger Männer verklagt, die sich Jahre zuvor – so lautete die Anklage – aufgrund von (mutmaßlichen) unterschwelligen Botschaften in der Musik der Band das Leben genommen hatten.[65] Ähnliches widerfuhr Ozzy Osbourne einige Jahre zuvor. Er und seine Plattenfirma wurden von den Eltern eines jungen Mannes verklagt, der sich selbst erschossen hatte, nachdem er abends zuvor Osbournes Song »Suicide Solution« gehört habe sollte. Beide Verfahren endeten mit vollumfänglichen Freisprüchen. Trotzdem gehen wir davon aus, dass sowohl Ozzy als auch Judas Priest auf die Erfahrung hätten verzichten können. Es ist tragisch genug, wenn Menschen so jung sterben müssen. Für den Tod verantwortlich gemacht zu werden, macht das Ganze allerdings noch viel schrecklicher.

WENN DER SCHNEE GESCHMOLZEN IST

Bevor wir uns einigen nichtmetallischen Marken zuwenden, die sich einen Teil ihres Erfolgs durch gezielte Provokation und Schockmomente erarbeitet haben, sehen wir uns verpflichtet, dem geneigten Leser mitzuteilen, dass Ozzy Osbourne in seiner Karriere als Musiker[66] nicht nur Tauben und Fledermäuse ins Jenseits befördert hat. Es gibt eine legendäre Geschichte aus dem Jahr 1984 von seiner Tour mit Mötley Crüe. Während eines Zwischenstopps in einem Hotel in Florida soll der »Madman« – in Ermangelung von Kokain und sowieso im ständigen Exzess-Überbietungswettbewerb mit den aufstrebenden Kaliforniern – eine Linie Ameisen durch die Nase gezogen haben, um den Snack mit seinem eigenen Urin herunterzuspülen, den er zuvor vor den Augen der anderen Poolgäste am Beckenrand gelassen hatte.

Der Wahrheitsgehalt der Episode ist umstritten, passt allerdings zu Ozzys psychischer Verfassung. Schon in der Schule und einige Zeit später während eines mehrwöchigen Gefängnisaufenthalts pflegte er den Klassenclown zu geben und der Typ zu sein, der »die verrückten Sachen macht«. Vor allem, um nicht von den wirklich bösen Buben verprügelt zu werden. So lässt es sich in seiner Biografie *I am Ozzy* nachlesen. In der Taschenbuchausgabe schreibt er dazu über seine Rolle in den Anfangstagen von Black Sabbath:[67]

> Ich? Ich war immer noch der Clown. Der Verrückte.
> Das Großmaul, das für eine Mutprobe alles tun würde.

Jake E. Lee, Gitarrist in Osbournes damaliger Begleitband, hat 2019 rund um die Premiere zur Verfilmung der Mötley-Crüe-Biografie *The Dirt* verlautbaren lassen, er sei an dem betreffenden Tag in Florida nüchtern gewesen und hätte keine Ameisen gesehen – »höchstens eine kleine Spinne«. Das ist natürlich vieeeeel besser. Ozzy selbst macht an dieser Stelle übrigens gepflegt den Olaf Scholz: Er könne sich nicht mehr erinnern, gibt er in Interviews zu Protokoll. Und im Gegensatz zum Olaf nehmen wir *ihm* das auch ab.

UND JETZT: WERBUNG

»Read this, you piece of shit«, headlinete einmal Götzens Ex-Partner Alex Römer in der Zeitung des Schweizer Art Directors Club. »Was denn, Sie sind noch da? Gerade hab ich Ihnen einen Stein an den Kopf geworfen – und Sie lesen trotzdem weiter?«, war dann der Einstieg in den Artikel. Klar las man noch. Umso mehr! Denn: Provokation verkauft sich eben gut. Und zwar schon seit Urzeiten. Sie ist nicht nur ein fester Bestandteil unserer geliebten Ersatzreligion aus verzerrten Gitarren. Man stelle sich nur eine Welt ohne ernsthaft auf Glaubhaftigkeit pochende Teufelsanbeterbands vor. Oder noch fundamentaler – möchte wirklich jemand Eltern, die Sätze sagen wie: »Ist die neue Scheibe von In Flames ihr bestes Album seit zehn Jahren, oder was?« Eben.

Provokation gehört zum normalen Geschäft. Zusammen mit ihrer großen Schwester: Polarisation.[68] Selbst eine harmlose Streetgang wie Mötley Crüe packte 1983 mal kurz ein Pentagramm auf ihr Cover, weil das seit dem Erfolg der Rumpelbrüder von Venom einfach unglaublich en vogue war. Obwohl sie schon bei der nächsten Platte wieder in ihren angestammten Tüllwelten auf Harley-Davidsons saßen. Da war die Welt noch in Ordnung. Gut und Böse, respektive Poser und echter Metaller, waren noch einfach auseinanderzuhalten. Aber was sie alle einte, war: Provokation. Auflehnung. Wenn die Mucke die Eltern nicht zum Wahnsinn treibt, taugt sie nichts.

Provokation war und ist immer (auch) eine wichtige Aufgabe im kulturellen Betrieb: Wo wären heute manche Bands, wenn sie nicht damals alles darauf ausgerichtet hätten, eines der schon erwähnten verkaufsfördernden und somit höchst wertvollen Gütesiegel namens »Parental Advisory / Explicit Lyrics« zu bekommen? Oder man nehme die unvergessliche Ausgabe von *National Lampoon* aus dem Jahre 1973 mit einem ängstlich dreinschauenden Hund, dem man eine Pistole an den Kopf hält. Daneben die Zeile: »If you don't buy this magazine, we'll kill this dog.«

PROVO(KOMMUNI)KATION

Aber ist sie auch wichtig in der Kommunikation, die Marken verkaufen – oder zumindest positionieren – möchte? Dürfen Produkte und Marken anecken? Und warum sollten sie das tun (es sei denn, ihr Ziel ist explizit *nicht* die Eroberung des Massenmarktes)? Bei 80 Millionen Meinungspolizisten da draußen? Unsere gesamte Kommunikation als Gesellschaft fußt zunehmend auf Provokation. Ohne reißerische Headline klickt keiner mehr auf den entsprechenden Onlineartikel oder das zugehörige YouTube-Filmchen. Überall teasen Cliffhanger: »Was dann geschah, werdet ihr nicht glauben ...«. Immer weniger in die Schranken gewiesene Polemik ersetzt ausgewogene Debatten, angefeuert von einem 280-Zeichen-Limit. Man sollte also meinen, Provokation liefe heutzutage in der Werbung wie geschnitten Brot.

Natürlich. Denn Empfänger sind immer Menschen, und die mögen es, herausgefordert zu werden. Werbung, die wie Spülseife daherkommt oder eine zu süße Zuckerschnecke konsumiert werden kann, hat genau deren Effekt: Es wird einem schlecht davon. Vor allem in Zeiten von TikTok und Co., die aus dem »wahren Leben« berichten. Kritiker dieser These findet man im Handumdrehen mit dem Gegenargument: Man überzeugt Rezipienten mehr durch das Abrufen von teilbaren Glücksgefühlen, wenn Menschen einfach fröhlich die Marke genießen oder wie im Falle von Getränkewerbung immer die Augen beim Genuss schließen.

Klar, wenn man Mediamillionen hat, kann man es sich leisten, Interesse durch Gehirnwäsche zu erzeugen. Hat man aber ein kleineres Budget, wird das Stilmittel Provokation schon interessanter. In ihrer gewollten Form ist sie durchaus imstande, maximale Effekte zu erzielen. In der Kommunikation ist Aufmerksamkeit die wichtigste Währung der Welt. Vor allem in der heutigen Zeit, wo nicht nur *ein* Screen für permanente Ablenkung sorgen möchte, und man sich die ohnehin knappe Aufmerksamkeitsspanne der Konsumenten jeden Tag aufs Neue hart verdienen muss. Eine Marke, die aus der Komfortzone des Marketing-Einmaleins ausbricht und Neues wagt, wird erstmal begrüßt.

Interessanterweise tun sich Werbung und Marketing dennoch in der aktuellen binären »Lieben oder Töten«-Zeit mit Sticheleien schwer – angefacht von mehr oder minder sinnvollen, jedoch umso leidenschaftlicher geführten »Political Correctness«-Debatten. Die Gefahr eines Shitstorms weht fast ständig durch die Hinterstübchen werbetreibender Manager. Denn nicht diejenigen, die die Botschaften in die Welt hinausposaunen, entscheiden darüber, ob sie sexistisch, rassistisch oder schlicht bewusst verletzend sind. Das entscheidet immer noch der Diskurs.

Gleichwohl ist diese allzu diffuse Angst dahin gehend unbegründet, wenn man Provokation in der Werbung nicht mit dem stumpfen Säbel, sondern mit einem feinen Florett betreibt.[69] Denn in der Kommunikation muss hochbrillant zugestochen werden, sonst wird aus der harmlosen Stichelei (sic!) ganz schnell ein Henkersbeil aufgebrachter Kommentatoren. Ausnahme: richtig ernsthafte Themen, denen man ob ihrer Dringlichkeit eher verzeiht, dass sie einen aus der Komfortzone gerissen haben. So wie der extrem zu Herzen und ins Gewissen gehende Spot von CALM,[70] bei dem man intime Handyvideos von glücklichen Menschen beim Spiel mit ihren Kindern etc. sieht. Nur um am Schluss dabei ertappt zu werden, wie tief man ins Leben dieser Menschen vorgedrungen ist, denn abgebunden wird mit einem Chart: »These are the last videos of people who took their own lives. Suicidal doesn't always look like suicidal.« In diesem Falle wird das provokative Wachrütteln geduldet.

ZU VIEL DES SCHLECHTEN

Trotzdem ist die Verlockung groß, auf die alte Regel »Bad publicity is better than no publicity« zu setzen, wie man gut am Beispiel der Smoothies von True Fruits sehen kann. Anfangs noch halbwegs schenkelklopferisch und in der augenzwinkernden Tonalität des alternativen kleinen Getränkeherstellers gestartet, wendete sich das Blatt der aufmüpfigen Marke aus Bonn, als die Sticheleien immer stumpfer und die Rhetorik für die Mehrheit unerträglich wurden. »Oralverzehr – schneller kommst Du nicht zum Samengenuss«, hieß es neben einer Yellow-Chia-Flasche. Und einen schwarzen Smoothie-Drink bewarb der Satz: »Schafft es selten über die Grenze«. 2019 mutierte True Fruits endgültig zum Enfant terrible der deutschen Markenwelt und fing sich eine offizielle Rüge des Werberates ein: Der Hersteller hatte die Sommer-Sonderedition »Sun Creamie« mit den Worten »Sommer, wann feierst du endlich dein Cumback« und einem Penis aus Sonnencreme auf dem Rücken einer arglosen Frau beworben.

Wir lernen: Auch wenn man sich nur empört, bis die nächste Sau durchs soziale Dorf getrieben wird, darf Provokation kein Dauerfeuer sein. Als gelegentliches Stilmittel kann man sie einsetzen, ansonsten wird es bald ermüdend, beziehungsweise süchtig machend, und man braucht ständig neuen, noch krasseren Brennstoff. Ein Brand, der dann schnell auf andere Häuser übergreifen und erheblichen Schaden verursachen kann. Aber es funktioniert. Und wenn es funktioniert, dann hat man den Jackpot. Oder mit Vince Neil gesprochen: »Get out of the kitchen if you can't take the heat.«

MIT BISS, ABER BESSER NUR EIN BISSCHEN

Provokation ist nur dann gut und angebracht, wenn sie smart ist. Und cool. Wie geht es also besser? Wie kitzelt man die Nerven der Leute, ohne zu überspannen? Eine beim Art Directors Club viel gelobte und geschätzte Studentenarbeit war die von David Küchenthal für einen Hustenmittelhersteller, so unverfroren und wasserdicht, dass man das Grinsen tagelang nicht mehr aus dem Gesicht bekam. Grün-blauer Hintergrund, Packshot, Headline darüber: »Wick Dich, Du Hustensohn«. Empörung perlt daran ab wie an Teflon, denn decodiert wird vom Betrachter selbst, nicht vom Sender. Man kann das »richtig« lesen – steht da aber nicht.

Ein anderes Beispiel, das auf diversen Plattformen für Furore gesorgt hat, ist eine Arbeit für Pilion Trust, eine Organisation, die sich für benachteiligte Menschen einsetzt. Ein Mann steht in den Straßen von London mit einem Schild um den Hals, auf dem mit großen Lettern eine einfache Botschaft prangt: »FUCK THE POOR.« Der Sturm der Entrüstung lässt nicht lange auf sich warten. Er wird zurechtgewiesen, beschimpft, beinahe körperlich angegangen und zum Schluss belehrt. Über das, was er stattdessen sagen sollte, um Aufmerksamkeit für die Belange der Obdachlosen zu bekommen. Na klar: »Help the poor.« Abblende. Derselbe Protagonist steht an derselben Stelle, diesmal mit dem Schild: »HELP THE POOR.« Wir ahnen es, Reaktion auf diese eben nicht provokante Aussage: nullkommanull, eine kommunikative Vinylauslaufrille. Kein Mensch bleibt stehen, die Leute hasten an ihm vorbei wie an jedem x-beliebigen Bittsteller.

Provokation ist nicht einmal dort gottgegeben, wo man wenig Widerstand vermuten würde, nämlich in Wacken. Als Götz und Team sich für die Hilfsorganisationen Hanseatic Help und Metality e. V. noch mal schnell einen Aufruf ausdenken sollten,[71] texteten sie lapidar auf das (lizenzfreie) Bild eines Obdachlosen: »Bitte nicht ins Zelt kotzen.« Diese spöttische Zeile wurde im Einleser durch ein »... es könnte mein Leben retten« aufgefangen. Der klassische lässige Anreißer also. Das sahen ein paar Marketingverantwortliche vom W:O:A etwas anders. Dort bemühte man sich gerade, von der Stigmatisierung des dummen Metalheads mit dumpfer Sprache wegzukommen. Als Gegenentwurf wurde eine andere Zeile auf demselben Bild ins Rennen um die Aufmerksamkeit geschickt: »Spende Deinen Festivalwohnsitz. Danke.«

Das Kotzen ging viral, die W:O:A-Besucher hatten ein Grinsen auf dem Gesicht, als sie ihre Schlafsäcke am Stand von Metality e. V. abgaben. Selbst der Deutschlandfunk – nicht gerade für überschäumende Albernheit bekannt – machte mit genau dieser Line seine Reportage auf. Denn: Die provokative Wortwahl diente einem guten Zweck und wurde somit toleriert.

PROVOKATION FÜR MAMMON

Ja ja, eine Studentenarbeit und zwei NGOs, aber was, wenn Millionen auf dem Spiel stehen? Dann schaut man auf die seit Jahren phänomenalen Einfälle von Patagonia. Der kalifornische Outdoor-Ausstatter nimmt Wahlen gerne als Anlass, um seine weltverbessernde und nachhaltige Haltung kundzutun. Die in Shorts eingenähten Etiketten mit dem Aufdruck »Vote Assholes out« wirbelten reichlich Nachrichtenstaub auf und demonstrierten, wie man richtig provoziert – wenn man schlau stichelt. Hier wird keine politische Position verprellt, denn wen man als »Asshole« deklariert, legt jedes Lager anders aus.

Auch Angela Merkel ließ sich nicht von Sixt, dem deutschen Weltmeister der Provokation, irritieren, während sie als verwuscheltes, aber ungefragtes Testimonial für die günstigen Cabriotarife des bayrischen Autovermieters herhielt. Als Politikerin auf ihrem Weg zur Kanzlerin wusste sie: Fehlender Humor und Engstirnigkeit kommen nicht gut an, wenn das Volk sich amüsiert. Also lieber schweigen. Dafür schlug die folgende Zeile über einem Müllwagen ein wie eine Bombe und bescherte den Münchnern Absatzrekorde: »Ist es nicht ungerecht, dass Ihr Müll immer Mercedes fährt und Sie nicht?« Denn darauf kommt es in der Werbung unterm Strich ja doch immer an: Verkaufen. Die Leute von ihrem Geld zu trennen. Asche machen.

Die ultimative Provokation in der Werbung ist unserer Meinung nach eigentlich nur schlechte Werbung. Werbung, die selbst als wegklickbarer 15 Sekunden-Pre-Roll nervt. Bei dem alle Entscheider ihren Haken in ihre jeweiligen Boxen gesetzt haben und sich hinterher wundern, dass den kleinsten gemeinsamen (und rundgelutschten) Nenner kein Mensch sehen will. Zeitstehler. Hasskappenbomber. Bullshithobel. Warmduscher. Pudel-bei-Gefahr-Hochheber. Kellerfenster-Sturz-Selbstmörder.

Wo waren wir? Ach ja: Provokation gewinnt, ihr Luschen!

BLICK IN DIE FORSCHUNG

Als Marketingverantwortlicher kennt man das Bonmot, wonach es keine schlechte Publicity gibt. Diese Aussage ist mit einem gerüttelt Maß an Skepsis zu betrachten. Fragen Sie mal die freundlichen Menschen von Mercedes, die damals den gescheiterten Elchtest erklären mussten. Oder Karl-Theodor zu Guttenberg. Oder die Katholische Kirche. Oder ...

Doch so ganz falsch ist die Aussage natürlich nicht. Mit Provokation und Schockmomenten bekommt man, tadaaa: auf jeden Fall Aufmerksamkeit. Die spannenden Anschlussfragen lauten a) wofür und b) wozu? So zeigt sich beispielsweise verlässlich, dass Printanzeigen mit erotischen Komponenten länger betrachtet werden als nichterotische. Meldungen mit schockierenden Inhalten werden auch schneller und häufiger über soziale Medien gestreut. So weit, so gut.

Allerdings zeigt sich ebenso verlässlich, dass diese Form der Werbung Aufmerksamkeit vom Produkt beziehungsweise der Marke abziehen kann. Später erinnern sich die Menschen folglich daran, dass sie etwas Aufwühlendes gesehen haben, bekommen aber den Zusammenhang oft nicht mehr hergestellt (Kilijanek & Ozga, 2022). Worum ging es eigentlich wirklich? Und selbst wenn sich Menschen später noch an Marke und/oder Produkt erinnern können, bleibt die Frage, ob es schadet oder nützt. Bevor wir uns diesem Punkt zuwenden: Die Forscher Dahl, Frankenberger und Manchanda (2003) haben für einen Artikel einmal zusammengetragen, welche Arten von schockierenden und/oder provozierenden Stimuli in der Marketing- und PR-Praxis zu beobachten sind. Insgesamt kamen sie auf sieben mehr oder weniger distinkte Kategorien:

* Ekelerregende Bilder, beispielsweise Szenen, die Körperöffnungen, Körperteile, Blut, Krankheiten, Tod und Parasiten enthalten.
* Sexuelle Anspielungen, Masturbation und Nacktheit allgemein.
* Obszönität und Profanität durch Verwendung unanständiger Gesten, rassistischer Motive und/oder Schimpfwörter.
* Vulgarität und geschmacklose Szenen und Verstöße wie Nasebohren oder Furzen.
* Taktlosigkeit, sprich: Verstöße gegen die Etikette und den gesellschaftlichen Anstand.
* Anstößigkeit durch Bilder, in denen Tiere oder Menschen misshandelt werden, oder historisch anrüchige Bilder, z.B. Nazisymbolik.
* Religiöse Tabus: Bilder oder Texte, in denen Symbole oder Personen unangemessen verwendet oder lächerlich gemacht werden.

Ihrer kreativen Fantasie sind also prinzipiell (fast) keine Grenzen gesetzt. Doch wann lohnt sich dieses Vorgehen? Etwas verkürzt lässt sich feststellen: Je weniger eine Marke zu verlieren hat, desto eher dürfte sich Provokation als Strategie der Positionierung auszahlen. Folglich wird sich das Vorgehen für junge, noch wenig bekannte Marken eher rentieren als für etablierte Player. Insofern ist es auch kein Wunder, dass Ozzy am stärksten auf Skandale gesetzt hat, als es noch darum ging, sich als Künstler von Black Sabbath zu emanzipieren. In den späteren Jahren hat er es merklich ruhiger angehen lassen.[72]

Dort, wo schon ausreichend Markenbekanntheit und -wert gegeben sind, kann man davon ausgehen, dass die Risiken die Vorteile überwiegen werden. Die Grenzen zwischen gelingender Provokation und gesellschaftlicher Ächtung sind bisweilen sehr fließend. Was auf der Reise hilft, sind ein starkes Commitment und ein hohes Maß an Identifikation mit der Marke. Die Forscher

Ahluwalia et al. (2000) haben festgestellt, dass diese Faktoren Marken dabei helfen, aus Phasen mit Skandalen und negativer Publicity erfolgreich hervorzugehen. An diesem Punkt dürfen Sie sich jedoch ehrlich fragen: Lieben die Kunden ihre Marken und Produkte so sehr, wie Metalfans ihre Stars verehren?

ZUSAMMENFASSUNG UND TIPPS

* Zunächst ein Wort der Warnung: Gezielte Provokation und Grenzüberschreitung als Positionierungsstrategie ist ein zweischneidiges Schwert. Es gibt viel zu gewinnen, aber auch einiges zu verlieren.
* Wir empfehlen, diesen Weg vor allem dann einzuschlagen, wenn noch nicht so viel auf dem Spiel steht. Wenn es um junge, aufstrebende Marken und Produkte geht, deren primäres Ziel es ist, in möglichst kurzer Zeit ihren Bekanntheitsgrad zu steigern.
* Für etablierte Player mit hohem Markenwert besteht in Zeiten von Social Media und zunehmender Sensibilität für Political Correctness ein zu großes Risiko, dass mehr Schaden als Nutzen entsteht.
* Es gibt sieben Kategorien von schockierenden Reizen in der Positionierung. Je nach Charakter Ihrer Marke werden im Falle des Falles verschiedene Stimuli zur gelingenden Provokation taugen. Auch die Landeskultur kann über den schmalen Grat zwischen hilfreicher Provokation und gesellschaftlicher Ächtung mitentscheiden.
* Wenn Sie diesen Weg gehen wollen, sehen Sie zu, dass Sie »es ernst meinen«. Provokation um der Provokation willen wird selten goutiert. Zumal, wenn Sie kein Rockstar sind. Insofern gilt auch hier: Ihr Vorgehen muss authentisch sein, oder es wird verpuffen.
* Gleichzeitig muss klar sein, dass Provokation als alleiniges Stilmittel der Kommunikation nicht tragfähig ist. Wer es versucht, landet unweigerlich in einer Provokationseskalationsspirale, und folglich mit hoher Wahrscheinlichkeit im gesellschaftlichen Abseits.[73]
* Zudem besteht die Gefahr, dass an einem bestimmten Punkt die Skandale und Provokationen mehr Aufmerksamkeit erhalten, als Ihnen lieb ist. Ozzy gab einmal zu Protokoll:

»Manchmal denke ich, dass meine ganze Karriere und mein ganzes Leben nur aus einer verdammten Fledermaus bestanden hat!«

- Intentional erzeugte wie auch unabsichtliche Skandale werden eher von Menschen geduldet, die ein starkes Commitment zu bzw. eine hohe Identifikation mit einer Marke empfinden. Solche Fans werden diese mit hoher Wahrscheinlichkeit sogar gegen Angriffe von außen verteidigen.
- Echten Lieblingsmarken kann der eine oder andere Aufreger dahin gehend tatsächlich von Nutzen sein. Ohne eine solche starke Bindung dürfte das Ganze allerdings zumeist in die Hose gehen.

Kapitel Drei

EXPLORIEREN

WENN DU DER MARKTFÜHRER BIST UND DIR EH ALLES ERLAUBEN KANNST

But I'll take my time anywhere
Free to speak my mind anywhere
(WHEREVER I MAY ROAM | »BLACK ALBUM«, 1991)

Von den zehn Metal B®ands, die in unserem Buch ausführlich dargestellt werden, bedarf Metallica dieser Vorstellung wohl am wenigsten. Das gilt auch für Menschen, die nicht dem schwermetallischen Liedgut zugeneigt sind. Metallica ist eine globale Megabrand. Metallica ist *die* Metalband schlechthin. Keine Combo hat mehr Platten verkauft,[74] vor mehr Fans gespielt, mehr Videostreams generiert – oder auch nur annähernd die gleiche popkulturelle Bedeutung[75] wie die Mannen um Sänger und Rhythmusgitarrist James Hetfield sowie Drummer und Mastermind Lars Ulrich. Metallica stehen für alles, was am Metal gut und schön ist. Oder aber für seinen Untergang. Je nachdem, wen man fragt. Denn zur Wahrheit gehört auch: Keine Metalband wird mehr gedisst und regelrecht gehasst. Wo viel Licht ist, ist immer auch viel Schatten. Dazu gleich mehr. Zuvor kurz einige wichtigen Fakten zur Bandgeschichte.

THRASH, NICHT TRASH

Metallica wurde 1981 von Hetfield und Ulrich in Los Angeles gegründet. Zwei Menschen, wie sie gegensätzlicher kaum sein könnten: Hetfield ein hochgewachsener, schweigsamer Teenager aus einem typischen US-Haushalt der unteren Mittelklasse, allerdings geplagt von Wut und Selbstzweifeln.[76] Der eher kleingewachsene Ulrich auf der anderen Seite ist der Spross einer dänischen Tennisdynastie – sowohl sein Vater als auch der Opa spielten erfolgreich bei Turnieren und im Davis Cup. Er wuchs weltenbummelnd in begüterten Verhältnissen auf. Lars war und ist extrovertiert, hat mehr Energie als ein atombetriebener Flummi und verfügt über ein gesundes Ego.[77] Seine Familie war in erster Linie in die USA ausgewandert, um Lars' Tenniskarriere voranzutreiben. Der allerdings hatte als Teenager schnell andere Dinge im Kopf. In erster Linie harte, gitarrenlastige Musik, am liebsten solche aus der europäischen Heimat.

Hier offenbart sich das verbindende Element zwischen den gegensätzlichen Persönlichkeiten Hetfield und Ulrich:[78] die Liebe zu englischen Metalbands wie Iron Maiden, Saxon, Diamond Head & Co. Dazu noch u.a. Black Sabbath, Venom und die Speed-Rock'n'Roller von Motörhead. Diese Bands spielten allesamt roher, schneller und härter als die erfolgreichen Hardrockbands der Siebziger. Und sie unterschieden sich sowohl musikalisch als auch textlich von der zu dieser Zeit in L.A. aufkeimenden Glam-Metal-Szene.[79]

Aus dieser musikalischen Ursuppe, zudem beeinflusst durch amerikanischen Hardcore-Punk, destillierten Metallica ihr ganz eigenes musikalisches Gebräu. Das Rezept: Man nehme die melodiöse Virtuosität von Iron Maiden, paare sie mit der wummernden Geschwindigkeit von Motörhead,[80] gebe einen Schuss ungehobelter Punk-Aggression hinzu – und heraus kommt Thrash Metal, die zum damaligen Zeitpunkt härteste, rauste und im positiven Sinne fieseste Inkarnation des Metal, verewigt auf Metallicas Debut *Kill 'Em All*.[81]

Dies muss man im Hinterkopf behalten, wenn man sowohl die Liebe zu als auch den Hass auf Metallica verstehen will. Sie waren Pioniere,[82] hoben damals etwas aus der Taufe. Etwas, das so derbe, roh und völlig MTV-untauglich war, dass (natürlich!) kein etabliertes Label die Band signen wollte. Der frühe Erfolg von Metallica entsprang vollständig dem Underground, ihren vielen Live-Auftritten lange vor dem ersten Album, den positiven Kritiken in Fanzines – und vor allem der Tape-Trading-Szene, die damals interkontinental zur Verbreitung von aufstrebenden Bands beitrug.[83]

PUPPENSPIELER

Ignoriert man einige personelle Wechsel in der Frühphase der Band, dann gehörten zur ersten Inkarnation neben Hetfield und Ulrich der talentierte, oft etwas verträumt wirkende Gitarrist Kirk Hammett und der hippieske Ausnahmebassist Cliff Burton, einziges Mitglied mit einer formellen musikalischen Ausbildung.[84] Um mit Burton spielen zu können, zogen die anderen drei Mitglieder extra nach San Francisco. In dieser Konstellation nahmen sie in New York das schon erwähnte Debut auf, 1984 gefolgt von dem musikalisch gereiften, von Kritikern gelobten und auch kommerziell erfolgreicheren Album *Ride the Lightning*. Der eigentliche Durchbruch gelang der Band schließlich mit ihrem dritten Album *Master of Puppets* von 1986, das viele Musikkritiker zu den besten Metalalben aller Zeiten zählen. Es verkaufte im ersten Jahr etwa 500.000 Einheiten (immer noch ohne Unterstützung von MTV und Mainstreamradio) und erhielt später mehrfache Platinauszeichnungen.

Dieser große Erfolg wurde vom tragischsten Ereignis der Bandgeschichte überschattet: Am Morgen des 27. September 1986 wurde Bassist Cliff Burton in Schweden während der Tour zu *Master of Puppets* bei einem Unfall unter dem Tourbus begraben und getötet. Die Gruppe fiel daraufhin in eine kollektive Depression. Nach einer Weile entschlossen sich die verbleibenden Musiker, die Band fortzuführen, weil sie zur Ansicht gelangten, dass Burton es so gewollt haben würde. Sie ließen viele Bassisten vorspielen. Den Zuschlag erhielt schließlich Jason Newsted von der Thrash-Metal-Band Flotsam and Jetsam. In dieser Konstellation nahm die Band zunächst eine EP mit Coverversion auf, um 1988 ihr viertes Album *... And Justice for All* zu veröffentlichen. Das Album war ein kommerzieller Erfolg, trotz extrem langer Lieder mit komplexen Strukturen und einem recht fragwürdigen Sound.[85] Zum Antikriegslied »One« drehten sie Anfang 1989 zudem ihr erstes Musikvideo – ein großer Schritt vom Untergrund in Richtung Massenmarkt. Dieser Song brachte ihnen auch ihren ersten Grammy ein. Doch erst mit dem folgenden Album sollte alles global-galaktisch werden, aber auch richtig, richtig schwierig ... für die bisherigen Fans der Band.

EXIT UNDERGROUND, ENTER MAINSTREAM

Im Sommer 1991 lancierten Metallica ihr eponymes fünftes Album, das wegen des ikonischen schwarzen Covers meist einfach das »Black Album« genannt wird. Getrieben von der Hitsingle »Enter Sandman« debütierte die Scheibe auf Platz 1 der Charts in den USA sowie England und erreichte diese Position schließlich auch in vielen anderen Nationen, einschließlich Deutschland. Aktuell gehört *Metallica* zu den 20 m eistverkauften Musikalben aller Zeiten. In jenem Sommer wurde die Band – wurde der Metal selbst – endgültig Teil des Mainstreams.[86]

Für das Werk arbeitete die Gruppe erstmals mit dem Produzenten Bob Rock zusammen, der zuvor schon Bands wie Bon Jovi und Mötley Crüe zu großem kommerziellem Erfolg verholfen hatte. Die Songs wurden kürzer, langsamer und weniger komplex gestaltet (sprich: radiotauglicher), die Produktion hatte eine bis dahin im Metalgenre unbekannte Wucht und Klarheit. Mit »Nothing Else Matters« war sogar eine waschechte Ballade an Bord,[87] was in früheren Zeiten einen absoluten Affront dargestellt hätte. In *Enter Night*, der Metallica-Biografie des Musikjournalisten Mick Wall, klingt das so:[88]

Was auch immer in den Köpfen von Lars Ulrich und James Hetfield vorging, dem Außenstehenden war klar, dass es hier nicht mehr um die Authentizität einer Hinterzimmer-Garage ging, sondern um totale Hingabe, [...] die Weltherrschaft. Es ging darum, die verdammte Nummer Eins zu sein [...].

Mit dem Schwarzen Album im Rücken ging die Band über mehrere Jahre auf diverse Tourneen, zum Teil im Doppelpack mit Guns'n'Roses, die damals ebenfalls auf der Spitze ihres Ruhms angekommen waren. Jedoch hatte dieser Erfolg einen Preis. Alkohol, harte Drogen und Groupie-Exzesse forderten ihren Tribut. In dieser Phase scheiterten die Ehen von Ulrich, Hammett und Newsted. Es gingen jedoch noch ganz andere Beziehungen zu Bruch. So bemerkt der Musikwissenschaftler Eric Smialek, dass ...[89]

sich viele Fans verraten fühlten, als sie mit Metallicas wachsender Popularität außerhalb der Metal-Subkultur konfrontiert wurden.

METAL FÜR DIE MASSE, KNETE IN DER KASSE

Metal begann als Gegenkultur, als Musik für Außenseiter, vereint im symbolischen Kampf gegen den verhassten Mainstream. Als geneigter Fan fand man hier (s)eine Zugehörigkeit, eine Form der »Outsider Togetherness«. Doch Metallica waren offensichtlich bereit, all dies zu opfern, um etwas noch Größeres zu erreichen. Die Forscher Salmela und Oikkonen zeichnen für einen Beitrag die Markt- und Markenentwicklung der Band als einen kontinuierlichen Kampf nach, der schlussendlich in einen Wettbewerb um die (musikalische) Weltherrschaft mündete:[90]

In den späten 1980er Jahren begannen die Gegner von Metallica zu schwinden, als die Band an die Spitze ihres Nischenmarktes vorgestoßen war. Doch Metallica wollten die beste und größte Rockband der Welt werden [...].

Objektiv betrachtet ging dieser Plan auf. Doch ein Teil der Anhänger aus den Anfangstagen blieb auf der Strecke. Die beiden folgenden Alben *Load* (1996) und *Reload* (1997) verschlimmerten das Problem in den Augen der Fans der ersten Stunde: Der Sound wurde noch gemäßigter, zeitweise mehr Rock- als Metalmusik. Im Song »Mama Said« ist gar eine countrytypische Steel Guitar zu hören. Wir fühlen uns an diese eine Folge von *Two and a Half Men* erinnert, in der sich Alan einen Porsche Boxster kauft, um sein Ego aufzupolstern, und von allen kaum mehr als ein müdes Lächeln erntet. Klar ist es ein Porsche, aber ...[91]

Zu einem erneuten Bruch mit vielen ihrer Fans kam es in den Jahren 2000 und 2001, als Metallica den damals aufstrebenden File-Sharing-Dienst Napster verklagten. Als Folge des Prozesses mussten alle Metallica-Songs von der Plattform entfernt werden, mehrere Hunderttausend Accounts wurden gegen den Willen der Fans gelöscht. Daraufhin starteten diverse öffentliche Protestaktionen, bei denen sie LPs und CDs der Band mit Füßen (zer-)traten. Der große Affront: Wie konnte digitales File-Sharing ein Problem sein, wenn der ursprüngliche Erfolg der Band doch auf analogem File-Sharing (also Tape-Trading) beruhte?

Doch die Band ließ sich auf ihrem kommerziellen Siegeszug auch davon nicht beirren. In einem kritischen, um nicht zu sagen vorwurfsvollen Blick auf die Äußerungen der Band während des Prozesses schreiben die (marxistisch argumentierenden) Wissenschaftler James und Tolliday:[92]

> **Solange die Gesamtzahl der Menschen, die sich für Metallica »interessieren«, weiterwächst, kann die Band auch in Zukunft eine große Anzahl von Alben verkaufen, selbst wenn der Prozentsatz der Leute, die mit jeder neuen Veröffentlichung unzufrieden sind, weiter steigt!**

In biografischen Texten wird in aller Regel Lars Ulrich als der kommerzielle Kopf hinter dem »Geschäftsmodell Metallica«

bezeichnet. Der Drummer (u. a. getrieben davon, seinem Vater beweisen zu wollen, dass es eine gute Entscheidung war, die Tenniskarriere aufzugeben) galt und gilt als Mastermind und Visionär der Band, als die Person mit dem großen Plan für die Weltherrschaft – ein Punkt, der ihn in nicht wenigen Augen als das am wenigsten sympathische Mitglied der Band dastehen lässt.[93] Doch auch James Hetfield scheint dem schnöden Mammon gegenüber nicht abgeneigt. Laut Biograf Mick Wall schrieb er als Lebensziel ins Highschool-Jahrbuch: »Play music. Get rich.«[94]

KUNDENTRÄUME ERFÜLLEN UND DABEI FÜRSTLICH VERDIENEN

Und was mach(t)en Metallica mit ihrem Platz an der Spitze der schwermetallischen Nahrungskette?[95] Man möchte sagen: Sie machten und machen *alles Mögliche wie auch alles Unmögliche* – und dabei massive Mengen Moneten. Strategisch gesehen agieren sie dabei so, wie es gemäß Forschungsergebnissen auch von Marktführern in anderen Industriezweigen zu erwarten ist: Während Follower-Marken eher reaktiv agieren und oft über den Preis konkurrieren, zeichnen sich Leader-Marken durch regelmäßige Produkterweiterungen, Innovationen und das Abschöpfen besonders zahlungskräftiger Kunden aus.[96]

Neben der heutzutage üblichen Masche, neue (und alte) Musik in einer Myriade von Sondereditionen, Super-Duper-Deluxe-Sets und sonstigen Sperenzchen an den geneigten Fan zu bringen, stellte das sogenannte »Snake Pit« eine typische Innovation bei den Konzerten dieser Phase von Metallica dar. Ein kleiner abgegrenzter Bereich vor der Hauptbühne, in den jeweils nur wenige Hundert Fans hineinpassen. Konzeptionell ähnlich wie ein riesiger Chanel-Flagship Store, in den aus Schnöseligkeitsbestrebungen immer nur drei Kunden gleichzeitig reingelassen werden. Künstliche Verknappung, Baby.

Die Schlangengrube entsteht dadurch, dass hinter dieser Zone eine zweite, kleinere Bühne mit einem separaten Schlagzeug aufgebaut wird. Durch zwei Stege, die links und rechts von der Hauptbühne zur Vorbühne führen, erscheint das Snakepit als abgeschlossener Sektor innerhalb des größeren Fangetümmels. Dort ist man den Musikern in diesem Fall tatsächlich zum Greifen nah. Zum einen ist man als Fan ganz vorn, zum anderen schaut man im Snakepit der Band von hinten zu, während Hetfield & Co. auf der Vorbühne spielen. Das suggeriert eine Backstage-Atmosphäre, ganz so, als sei man nicht bloß einfacher Fan, sondern Teil der Crew.[97]

Einige der Tickets für diese Plätze werden üblicherweise an Fanclubs vergeben, aber man kann sie natürlich auch kaufen. Zusammen mit Extras wie einem Meet & Greet und einer Backstage-Führung werden in aktuellen Zeiten schnell einige Tausend Euro beziehungsweise Dollar fällig. Was tut man nicht alles, um seinen Idolen nah zu sein? Andererseits: Auch reguläre Tickets kosten mittlerweile dreistellige Beträge, was regelmäßig zu Protestaktionen von Fans führt.[98]

WIR MACHEN UNS DIE WELT, WIDDEWIDDE WIE SIE UNS GEFÄLLT

Während Metallica live alles tun, um ihre Fans wirklich, wirklich glücklich zu machen, enthält die weitere Historie ihrer Veröffentlichungen einige fette Fragezeichen. 1998 veröffentlichten sie eine Compilation all ihrer Coverversionen und 1999 ein Livealbum, auf dem sie gemeinsam mit dem San Francisco Symphony Orchestra spielen – ein Achtungserfolg. 2003 folgte dann allerdings das achte Studioalbum *St. Anger*, das wegen seines blechernen Drumsounds und der Abwesenheit von metaltypischen Gitarrensoli als musikalischer Tiefpunkt im Oeuvre der Band betrachtet wird. Trotzdem landete das Album in vielen relevanten Märkten auf Platz 1 und wurde durch extensives Touren vermarktet. Der verworrene Entstehungsprozess wurde in dem Dokumentarfilm *Some Kind of Monster* von 2004 festgehalten – eine Art kollektiver Seelenstriptease.[99]

Mit Studioalbum Nummer 9 *Death Magnetic* machten Metallica 2008 ein paar Rollen rückwärts und näherten sich wieder mehr dem Sound der Achtzigerjahre an. Viele Fans waren versöhnlich gestimmt, nur um einige Jahre später noch übler vor den Kopf gestoßen zu werden: 2011 veröffentlichten Metallica gemeinsam mit Altrocker Lou Reed das Konzeptalbum *Lulu*, welches das Gros der Kritiker und noch mehr Fans komplett ratlos zurückließ. Die Verkaufszahlen blieben auch langfristig betrachtet überschaubar. Man könnte es vielleicht als »kompromissloses Verfolgen der eigenen künstlerischen Vision« titulieren, aber nicht wenige Menschen sehen darin einfach einen tiefbraunen Griff ins Klo.[100]

Langfristig hat es der Band übrigens kaum geschadet. 2016 erschien Studioalbum Numero 10, *Hardwired... to Self-Destruct*, auf welchem die Band wieder dezidiert zu ihren musikalischen Wurzeln im Thrash Metal zurückkehrte.[101] Die anschließende Tour gehörte nach relevanten Finanzkennzahlen zu den zehn lukrativsten Konzertreisen aller Zeiten. Metallica verwiesen dabei Pop-Megastars wie Pink, Bruno Mars oder Taylor Swift auf ihre Plätze. Ob dies alles nun einfach cleveres Verkaufen oder verwerfliches Ausverkaufen darstellt, darüber mögen sich auf ewig gescheite Geister streiten. Eins steht jedoch fest: Metallica waren, sind und bleiben die Nummer 1. Eine größere Metal B®and wird es auf dieser Welt nicht mehr geben.

UND JETZT: WERBUNG

Marktführer haben die schwierige Aufgabe, während ihrer »Karriere« ihre Werte und ihr Erbe zu bewahren, dabei aber nicht zu bräsig und selbstgefällig zu werden. Sie müssen sich immer wieder neu erfinden, um relevant zu bleiben, denn Wettbewerber, Nachahmer und Kopisten versuchen alle Alleinstellungsmerkmale zu brechen bzw. einzuholen. Siehe Apple vs. Samsung. Oder eben das Schwarze Album vs. *Countdown to Extinction* von Megadeth.

Man erkennt die Klassenbesten gerne daran, dass ihr Produktname als Kategoriebeschreibung in des Volkes Mund zu finden ist. Da wird nach dem Tesa gefragt, wenn man einen durchsichtigen Streifen Klebefolie haben möchte,[102] oder nach dem Tempo, wenn man Taschentuch meint. In Amerika wird darum gebeten, schnell ein Dokument zu xeroxen. Und wenn man altmodisch ist, dann rollerbladet man immer noch durch sein Neubaugebiet und googelt nebenher, was das Zeug hält.

Das Phänomen wiederum ruft frisch gebackene BWL-Masterstudenten (Schwerpunkt Marketing) auf den Plan, die versuchen, dem Konsumenten ein solches Verhalten im Schnellverfahren aufzuoktroyieren, sobald sie in ihrem ersten Job angefangen haben. Wozu das dem Volksmund und der Zeit überlassen? Mit genügend Mediadruck wird aus jedem noch so zweifelhaft ausgeknobelten Markennamen schon bald ein ebenso »eingedeutschtes« Wort, oder? Nicht anders ist es zu erklären, warum überall nur noch gepaarshippet und gevypet wurde und wird. Egal, denn jetzt wurde aus Vype ja Vuse. Hey, wie wäre es mit einer neuen Kampagne? Sonst ändert sich nix? Flink's dir!

WENN DICH JEDER KILLEN WILL

Als Marktführer Marketing und Kommunikation zu betreiben, ist trotzdem nicht einfach und gehört mit zum Anspruchsvollsten, was das Fach bereithält. Mit großen und gelungenen Beispielen – gerne auch auf globaler Ebene – ist man schnell zur Hand. Allerdings hört man auch selten von Marktführern, die es nicht geschafft haben.[103]

Da ist dieses ewige Abgleichen mit der momentanen Position im Markt. Es wird Kontinuität erwartet, keine wilden Experimente. Die Positionierung muss kontinuierlich klar sein. Klingt einfach, ist es aber nicht. Zu verführerisch, sich im eigenen (jahrzehntelangen) Erfolg zu baden. Man muss sich täglich neu fragen: Ist man angestaubt und merkt es nicht mehr? Ist es Zeit, sich zu häuten, um den Vorsprung vor den Konkurrenten und Nachahmern auszubauen? Oder sollte es einem egal sein, wenn sich die Sau wieder an der Eiche reibt? Hat man aufgrund der Marktführerschaft Imageprobleme, oder nur weil man zu groß und unpersönlich geworden ist? Oder weil man einfach nur langweilig ist (Microsoft: das Nickelback unter den Marken), obwohl man seit der Gründung im Grunde alles richtig macht?

Heutzutage reicht ein missglücktes Produkt, ein Skandälchen (durch Social Media zum Extrem-Dinosaurier aufgeblasen), zwei frustrierte Hater, als Influencer getarnt, und ein unsouveränes Reagieren in der Krisen-PR, und schon hat man ein Jahrzehnt Marktführerschaft an den lachenden Zweiten abgegeben. Abercrombie, Tesla, Myspace und Kodak können ein Tumbleweed-Liedchen[104] davon singen.

COLA-KRIEGER

Schauen wir uns einmal zwei der größten Weltmarken an, die die westliche Welt so kennt: Coca-Cola und Apple.[105] So wie Metallica in der Zeit von *Load* bis Napster eine Delle in ihrer

Popularitätskurve vorzuweisen hatten, so erging es ein Jahrzehnt früher auch Coca-Cola. Der Weltmarktführer kam in den Achtzigern mächtig ins Straucheln. Und wie bei unseren Lieblings-Thrashern aus der Bay Area umwehte diese Delle ein kleines bisschen bräsiger Größenwahn. Was war passiert?

Das schon im Intro beschriebene Marketingdesaster der »neuen Cola« entstand in erster Linie, weil der Marktführer Mitte der Siebzigerjahre vermehrt Druck von dem Konkurrenten Pepsi bekam und sich zu selbstsicher auf seinem Thron ausruhte, den er seit den Fünfzigerjahren scheinbar exklusiv innehatte. Der ewige Zweite Pepsi trat die Flucht nach vorne an und positionierte sich zunehmend in der nicht besetzten Nische als Getränk für eine jüngere Generation (sinnvollerweise auch »Pepsi Generation« genannt).

Wer gegen den Status quo aufbegehren wollte und sich in den Achtzigern zur neuen – mit noch nie dagewesener wirtschaftlicher Wucht ausgestatteten – Teenager-Generation zählte, kam um Pepsi nicht mehr herum. Die Brause war »The choice of a new generation«. Marty McFly trank Pepsi, genauso wie sein Darsteller Michael J. Fox in der von Top-Testimonials nur so strotzenden Kampagne. Neben Don Johnson und Lionel Ritchie bildete Michael Jackson die Speerspitze dieser Kommunikation. Man möchte gar nicht wissen, was das komplette Umtexten seines Trademark-Songs »Thriller« gekostet hat: »Taste the thrill of the day and feel the Pepsi way«. Aua!

Aber Pepsi meinte es ernst. Und erschuf mit einem Dutzend wahnsinnig aufwendig und clever produzierten TV-Spots Meilensteine in der Geschichte der vergleichenden Werbung. Darunter unser Lieblingsspot einer Pepsi trinkenden Schulklasse in der fernen Zukunft, die eine archäologische Ausgrabungsstätte besucht. Der Professor erklärt ihnen eloquent den frisch ausgegrabenen Baseball und die noch mit Lehm bedeckte E-Gitarre.

Nur bei der gerade gesäuberten Cola-Flasche muss er passen: »I have no idea«. Selten haben sich zwei Marken süffisanter bekämpft als die zwei Braunebrauseabfüller. Die Pepsi-Kampagne war so erfolgreich, dass Coca-Cola Mitte der Achtziger nur anhand seines Vertriebsnetzes vorne bleiben konnte und bezeichnenderweise mit einer echten Innovation (Diet Coke) und ebenso ikonischen TV-Spots (der »Coca-Cola-Light-Mann«) wieder Boden unter die Füße bekam.

AN APPLE A DAY KEEPS THE BORING AWAY

Auch Apples Weg zum Erfolg war nicht eben gradlinig. Die Firma um Steve Jobs (und den ebenso genialen Steve Wozniak) ist seit Gründung darauf angelegt, ein Gegenentwurf zu allem Komplizierten, Gewöhnlichen und vor allem Langweiligen zu sein. Apples Produkte tragen das Lifestyle-Gen von Geburt an in sich. Die DNA des ehemaligen kalifornischen Garagen-Start-ups fußte darauf, dass nicht der Mensch den Rechner verstehen sollte, sondern der Rechner den Menschen. Samt dessen Sinn für Ästhetik.

Apple-Rechner wurden – ab dem Macintosh – von IT-Menschen, Programmierern und Excellistenerstellern als Seifenblasen-Lilalauneland-Kisten abgetan, da sowohl Hardware als auch (Betriebs-)Software aus der Hand von Apple kamen. Und lieber extrem gut aussahen, als extrem in die (technische) Tiefe zu gehen. Ein großer Eigensinn befeuerte sowohl Steve Jobs und Steve Wozniak als auch die Herren Hetfield und Ulrich. Die Lust am Anderssein und an der Disruption definiert den Markenkern und das Erbe beider Gruppierungen – und machte sie jeweils zur größten Marke weltweit.[106]

Metallica sind nicht nur die größte Metalband aller Zeiten, weil sie schon so lange dabei sind (andere sind das noch viel länger), sondern weil sie von Anfang an cool waren (bis auf Lars, vielleicht). Jedes Interview war cool. Die Liner Notes waren cool. Die

Shirts waren cool. Die Vernichtung von Unmengen Alkohol war cool. Die kompromisslose Mucke (bis zum Schwarzen Album) war cool. Die Nichtanbiederung an MTV war cool. Sie hatten schlicht Swagger. Oder wie das bei Metallern heißt: Sie waren true.

Und Apple? Das Design der Produkte war cool. Steve Jobs Präsentationen waren cool. Die Software war cool (Photoshop!). Das klare Feindbild Microsoft war cool. Und die Werbung war und ist cool. Seit Anbeginn der Marke mit dem angebissenen Obst zwang Steve Jobs die Kreativpartner in Crime bei der Agentur TBWA/Chiat/Day, seine Vision mit entsprechender Kommunikation zu begleiten.

Noch heute schwärmt die Marketingwelt vom damals bahnbrechenden Super-Bowl-Spot »1984«. Gefilmt wurde dieser Meilenstein der Werbebranche von Ridley Scott und war stark an das gleichnamige Buch angelehnt. Der Clip bewarb den neuen Apple Macintosh und wandte sich ein sattes IBM- und Microsoft-Amerika, indem er die Menschen mit der Darstellung einer düsteren und gleichgeschalteten Dystopie dazu aufforderte, anders (über Computer) zu denken. Nachdem die Protagonisten gegen den Marktführer und Quasi-Monopolisten durch ihren Hammerwurf aufbegehrt haben, erzählt uns eine sonore Stimme von Jobs' Vision: »On January 24th, Apple Computer will introduce Macintosh. And you'll see why 1984 won't be like *1984*.«

Der Weg der andersdenkenden Marke war damit erfolgreich gestartet und setzte sich fort, weil das Macintosh-Betriebssystem den Wettbewerbern in den 1980er-Jahren deutlich voraus war. Was man von der Hardware leider nicht sagen konnte, sodass es zwei Jahre später zum berühmt-berüchtigten Knick kam (ja, da wäre er beinahe zu bestaunen gewesen, der gestrauchelte Marktführer) und Steve Jobs gefeuert wurde.[107] Davon erholte sich Apple erst zehn Jahre später wieder, als die Marke nach den langen und schmerzlichen Irrungen des ehemaligen Pepsi-CEOs (!)[108] und als Marketing-Genie gehandelten John Scully mit der Wiederaufnahme des Ruders durch Herrn Jobs erneut auf den rechten Weg gebracht wurde. Man muss sich das so vorstellen, als wäre Cliff Burton wieder auferstanden und hätte sich den Bass von Jason Newsted zurückgeschnappt. Oh, was wäre alles möglich gewesen.[109]

Kurz nach Jobs' Rückkehr (als die ganze Welt dachte, Apple würde bankrottgehen), holte sich TBWA/Chiat/Day das Mandat nach zehn Jahren in einem Pitch zurück. Konkret mit dem Claim aller Claims für Apple, der das Gegenkultur-Image wiederherstellte: »Think different«. Herzstück dieses Geniestreiches war der bis heute in seiner Machart tausendfach kopierte Spot »To the crazy ones«. Das nennt sich heutzutage Manifesto-Film und wird dem Kunden jedes Mal aufgetischt, wenn einem so gar nichts einfallen mag. Wird fast immer gekauft und wird das Erste sein, was eine A.I. ausspuckt, weil sie diese Mechanik tausendfach im Internet finden wird. Den Mut, den die damalige Kampagne hatte, haben die farblosen Kopien heute allerdings nicht mehr. Der Spot startet immerhin mit den Worten: »To the crazy ones. Here's to the misfits. The rebels. The troublemakers. The people who see the world differently.« Und zeigt nicht eben die pflegeleichtesten Zeitgenossen.

Ein Jahr später bestätigte Apple auch mit seinen Produkten das Mindset, das die schwarz-weiß gehaltene Kampagne mit den coolen, Epochen verändernden Outsidern in die Köpfe der Leute gepflanzt hatte. Die Einführung des neuen und extrem anders designten[110] kugeligen, halb bunten, halb transparenten iMac[111] mit Griff (das »i« stand mal, die älteren Semester erinnern sich, für Internet) trug Jobs' Handschrift und war der Startschuss auf dem Weg zur Weltmarke sowie zum Wiederaufstieg als Marketingmachtfaktor.

WO IMMER ICH UMHERSCHWEIFE

Dass »Think different« und die damit verbundene Eigensinnigkeit Erfolg hat, hätte man sich auch bei vielen Stationen in Metallicas Geschichte abschauen können. Zunächst: lieber nicht mit einem Musikvideo zum Mainstream werden (und die Plattenfirma zum Verzweifeln bringen), als vor dem Goliath MTV auf die Knie gehen. Später: lieber ein schwarz-weißes Acht-Minuten-Video mit schlauer Storyline veröffentlichen als das damals übliche, tumbe Hairmetal-Poser-mit-Feuerwerk-und-Backgroundsängerinnen-Stageperformance-Video. Lieber den Metal für tot erklären, als zuzugeben, dass man nicht mehr hungrig ist. Lieber mit einem experimentellen 3-D-Kinofilm kommerziell baden gehen, als mit einer absurd mutigen und exhibitionistischen Doku, die jede andere Band killen würde. Lieber eine egoistische Wagenburg bilden, als Angst vor den Reaktionen der Außenwelt haben. Lieber als Fanboys ihren alten Helden mit Coverversionen offen huldigen, als heimlich Soundalikes als Eigenkompositionen zu verkaufen. Lieber eine merkwürdige Platte mit Lou Reed, als die von den Fans erwartete Wiedergutmachung nach *St. Anger* aufnehmen.[112]

Das baute über die Jahre eine solche Glaubwürdigkeit auf, dass man sie auch mit schnöder Gier (siehe das Verklagen von Napster oder ein völlig unmetallischer, weil die Wurzeln verratender, Corporate Gig für die Softwarefirma Salesforce) nicht kaputt bekam. Oder mit dem geistlosen *Guinness Book*-Event eines Gigs in der Antarktis. Metallica waren die erste Band, die innerhalb von zwölf Monaten auf allen sieben Kontinenten aufgetreten ist. Irre. Kompletter Quatsch. Aber wer kann, der kann.

BLICK IN DIE FORSCHUNG

Als *der* Marktführer angesehen zu werden, ist für Unternehmen beziehungsweise ihre Marken äußerst einträglich, weil ein solches Image mit einer Reihe von vorteilhaften Zuschreibungen seitens der Konsumenten einhergeht. Interessanterweise passiert das sogar, wenn das Unternehmen fälschlicherweise für die Nummer 1 gehalten wird (Kamins et al., 2007). Was hat Metallica auf diesem Weg geholfen?

Obwohl Hetfield und Ulrich das damals vermutlich nicht wussten (vielleicht aber spürten), haben Metallica schon mit der Wahl ihres Namens einen Glücksgriff getan. Forschungsergebnisse deuten an, dass ein Markenname, der gewissermaßen als Synonym für die entsprechende Produktkategorie wahrgenommen wird, von Konsumenten als sehr vorteilhaft und im wahrsten Sinne des Wortes führend wahrgenommen wird (Kumar & Jayasimha, 2019). Ein Befund, der übrigens auch auf die Beatles (Beat-Musik) übertragbar ist.

Ein zweiter, zugegeben nur schwer replizierbarer Faktor: Timing.[113] Metallica waren zur richtigen Zeit am richtigen Ort. Es zeigt sich immer wieder, dass es besondere, meist kurze »Zeitfenster der Möglichkeiten« gibt, in denen die Sterne besonders günstig für den Start bestimmter Unternehmen stehen. Beispielweise, weil sich umwälzende technologische Entwicklungen und große soziokulturelle Veränderungen überlappen (Giachetti & Marchi, 2017). So liegen die Gründungsdaten von Apple und Microsoft nur rund ein Jahr auseinander. Auch Oracle, ein weiterer Mega-Softwarekonzern, wurde nur kurze Zeit später gegründet – SAP wenige Jahre früher. Jene frühen Vögel können schnell und effektiv große Teile des Markts an sich reißen und hohe Markteintrittsbarrieren für die nachfolgenden Unternehmen generieren.[114] Ähnliche Dynamiken zeigen sich für andere Industrien. Metallica haben es damals geschafft, sich an die Spitze der aufkeimenden Thrash-Metal-Szene zu setzen und auf dieser Welle ganz nach vorne zu surfen.[115] Ebenso haben sie zehn Jahre später erkannt, dass es Zeit war, von dieser Welle abzusteigen, um eine noch größere, einen veritablen Tsunami, reiten zu können.[116]

Ergänzend sollte erwähnt werden, dass Metallica nicht ausschließlich auf entstehende Wellen aufgesprungen sind, sondern diese auch intentional kreiert haben – was der proaktiven Marktbearbeitung von Leader-Brands nahekommt. So schreibt der Forscher Erno Salmela:[117]

> **Unternehmerisches Verhalten hat in der Geschichte Metallicas eine wichtige Rolle gespielt. Die Schaffung neuer Märkte, die Erneuerung der Band und das Wachstum sind gute Indikatoren dafür.**

Und später im gleichen Text:

> **Je mehr man seine Zukunft kontrollieren kann, desto weniger muss man sie vorhersagen: Metallica hat die Zukunft nicht vorhergesagt, sondern sie selbst gestaltet.**

Darüber hinaus lässt sich nachweisen, dass Metallica regelmäßig zum richtigen Zeitpunkt strategische Partnerschaften eingegangen sind (Bonaccorsi & Lipparini, 1994), die ihren Erfolg beflügelt haben, weil die Partner etwas einbrachten, das die Band nicht selbst bewerkstelligen konnte. Ein Beispiel ist der Wechsel des Produzenten für das Schwarze Album. Mit Bob Rock wurde bewusst jemand ausgesucht, der für seine Kommerzialität berühmt(-berüchtigt) war. Zuvor war man bereits mit *Master of Puppets* von einem Underground- zu einem Majorlabel gewechselt.

Mit einem Augenzwinkern ließe sich Metallica zudem eine intelligente Talent-Management-Strategie zuschreiben (Cappelli & Hamori, 2014). Als sie 1983 Kirk Hammett für die Leadgitarre in die Band holten, gewannen sie nicht nur einen zukünftigen Starspieler, sondern schwächten gleichzeitig die direkte Konkurrenz, indem sie ihn von der aufstrebenden Thrash-Metal-Band Exodus abwarben. Robert Trujillo wiederum erhielt einen Antrittsbonus von einer Million Dollar, als er sich der Band 2003 anschloss.

ZUSAMMENFASSUNG UND TIPPS

- Es mag sich wie ein fieses Klischee anhören, aber die Fähigkeit und der Wille, »groß zu denken«, sind entscheidende Ingredienzien auf dem Weg zu einer marktführenden Position(ierung). Man darf getrost davon ausgehen, dass (mindestens) Lars Ulrich dieses Ziel bei der Bandgründung 1981 bereits fest im Blick hatte. Das (fälschlicherweise) Walt Disney zugeschriebene Zitat »If you can dream it you can do it« stimmt sicher nicht für jeden Menschen und für jede Situation. Aber umgekehrt wird definitiv ein Schuh draus: »If you can't dream it you can't do it.«
- Der Weg zur marktführenden Positionierung ist von proaktiver, nicht reaktiver Natur. Marktführer sind häufig auch Innovationsführer, sie treiben den Markt vor sich her, sie explorieren und erschließen sich immer wieder neue Kundengruppen, gerne im besonders zahlungswilligen Segment. In dieser Hinsicht konkurrieren Marktführer in aller Regel nicht über den Preis, sondern über ihr Image und die unterliegende Qualitätsvermutung.
- Unternehmen stoßen auf dem Weg an die Spitze verlässlich an Grenzen, beim Wachstum als solchem oder auch bei der Technologie und den benötigten »humanen Ressourcen«. Zum richtigen Zeitpunkt die richtigen Partner bzw. Talente an Bord zu holen (was voraussetzt, die eigenen aktuellen Grenzen anzuerkennen) ist daher ein unabdingbares Element solcher Erfolgsgeschichten. So hatte Bob Rock, ein »kommerziell ausgerichteter« Produzent großen Einfluss auf Metallicas Black Album, das ihnen langfristig die metallische Marktführerschaft sicherte. Auch das frühe Ersetzen von Dave Mustaine durch Kirk Hammett am Posten der Leadgitarre kann in dieser Hinsicht gedeutet werden.
- Der vorgenannte Punkt impliziert, dass Unternehmen bereit sein müssen, auf dem Weg zur Nummer 1 Zugeständnisse

zu machen. Und auch: Opfer zu bringen. Wer die Massen erobern will, muss in Massen gefallen. Entsprechende Anpassungen bei Produkten und Dienstleistungen können Markenfans der ersten Stunden unter Umständen vergrätzen, insbesondere, wenn eine Optimierung in Richtung Kommerzialität sehr offensichtlich wahrgenommen wurde. Plus: Einerseits gibt es viele Menschen, die es goutieren, marktführende Marken zu konsumieren. Andererseits gibt es auch Menschen, die dies bewusst ablehnen, weil sie nicht zum Mainstream gehören wollen. Ergo: Der Weg zur Spitze wird immer wieder mit Trade-offs verknüpft sein. Wer sich als Marke »komplett selbst treu sein« möchte, verschenkt langfristig mit hoher Wahrscheinlichkeit wichtige Wachstumsimpulse.

So paradox es klingt: Wer eine marktführende Positionierung anstrebt, darf keine Angst haben, immer wieder Kunden und Fans zu verlieren. Man muss als Marke bereit sein, auch die Feindseligkeit der Hater auszuhalten. Diese wird umso ausgeprägter sein, je erfolgreicher die Marke sich letztlich entwickelt. Everybody's Darling is everybody's Depp.

Es gibt das bekannte Bonmot »Fake it till you make it.« Noch erfolgversprechender dürfte allerdings eine andere Version sein: »Fake it till you *become* it!« Metallica haben es von Anfang an verstanden, sich hier und da größer zu machen, als sie zum jeweiligen Zeitpunkt waren, beispielsweise durch das Ausborgen von Songs ihrer Vorbilder (ohne das so deutlich zu benennen). Das ist mitunter fragwürdig, aber auch intelligent. Denn wer größer und wichtiger erscheint, als er ist, setzt mitunter eine sich selbst erfüllende Prophezeiung in Gang.

Kapitel Vier

REVANCHIEREN

WENN DU DER UNDERDOG BIST

Just when you think it's safe, I attack
We'll be back
(WE'LL BE BACK | THE SICK, THE DYING… AND THE DEAD, 2022)

Wer ist schon gerne die Nummer 2? Mal unter uns Pastorentöchtern – Zweiter zu sein, ist scheiße. Am besten sieht man das im Sport, bei der Medaillenzeremonie. Da steht jemand neben dem Sieger und möchte sich so gern als zweiter Gewinner fühlen, aber das Herz sagt etwas anderes. Man meint es oft an den Gesichtern ablesen zu können. Während die Drittplatzierten mit den Champions um die Wette strahlen, sehen die Zweiten mit schöner Regelmäßigkeit aus wie die ersten Verlierer. Sagen wir es noch mal: Zweiter zu sein, ist scheiße. Allerdings gilt diese Weisheit vor allem im Sport. Und für Spermien.

In der Welt der (harten) Musik und auch im Business ist Lemmy sei Dank etwas mehr Platz für Glanz und Gloria. Und auch für Kohle. Denn in diesem Spiel kann es durchaus einträglich sein, sich explizit mit Platz 2 (allgemeiner: der *Position des Underdogs*) zufriedenzugeben, wenn man es denn gut und richtig macht. Wie das funktioniert, lässt sich wunderbar am Beispiel der Thrasher Megadeth und ihres aggro-genialen Bandleaders Dave Mustaine verdeutlichen.

DIE GROSSEN VIER

Megadeth gehören mit Metallica, Slayer und Anthrax zu den »Big Four«, den großen Vier des Achtzigerjahre-Thrash-Metal. Die Bands bilden, so will es die Erzählung, ein hübsch-heftiges Oligopol innerhalb dieses so wichtigen Subgenres der übergreifenden Metalszene. Sie werden so genannt, weil sie hinsichtlich ihres kommerziellen Erfolgs und auch des Einflusses auf spätere Bands eine Sonderstellung genießen. Wollte man nun zusätzlich eine Hierarchie innerhalb des Oligopols etablieren, lägen Metallica unangefochten auf Platz 1, sowohl was die Plattenverkäufe als auch den kulturellen Einfluss betrifft. Zumindest in Bezug auf den objektiv messbaren Erfolg, also die Anzahl verkaufter Alben, lägen Megadeth mit etwa 35 bis 40 Millionen verkauften Einheiten auf einem klaren Platz 2.

DEMÜTIGUNG ...

Die frühen Wege von Megadeth und Metallica sind aufs Engste miteinander verwoben. Und das Bindeglied ist Dave Mustaine. Als Metallica von Drummer Lars Ulrich und Sänger/Rhythmusgitarrist James Hetfield im Herbst 1981 in Los Angeles gegründet wurde, kam Dave Mustaine innerhalb der ersten Monate als Leadgitarrist hinzu. In dieser Zeit komponierte er Songs (z. B. »Metal Militia«) oder steuerte Riffs bei, die auf den ersten Demos und auch auf dem Debut *Kill 'Em All* von 1983 vertreten sind. An der Entstehung dieses Metal-Meilensteins war er allerdings nur noch indirekt beteiligt, denn im Frühjahr desselben Jahres wurde er von Ulrich und Hetfield hochkant aus der Band gekickt und durch den heutigen Gitarristen Kirk Hammett ersetzt – just bevor die Band in neuer Besetzung in Rochester, NY, ins Studio ging, um das Album einzuhämmern.

Laut Mustaines Autobiografie *Mustaine: A Life in Metal* vollzog sich dieser Rauswurf zum einen ohne Vorwarnung[118] und zum anderen auf eine nicht gerade als barmherzig zu bezeichnende Weise. Man verfrachtete ihn und seine Gitarren in einen Van und schmiss ihn im Grunde mittellos an einer Bushaltestelle raus, von wo aus er den mehrtägigen Heimweg nach Kalifornien antreten sollte. In diesen Tagen verlor Mustaine nicht nur enge Bezugspersonen. Er sah sich auch um sein frühes musikalisches Schaffenswerk betrogen, fühlte sich ausgenutzt und gedemütigt. Diese Schmach hat er vermutlich nie vollständig verwunden.

Jahrzehntelang war er, wie in vielerlei Interviews nachzulesen ist, Metallica in herzlicher Abneigung verbunden. Insbesondere über seinen Nachfolger Kirk Hammett verlor er immer wieder bitterböse Worte. Allerdings kanalisierte er seinen Zorn auf eine produktive Art und Weise: Beseelt von dem Wunsch, es seinen ehemaligen Bandkollegen so richtig heimzuzahlen, fand er der Legende nach bereits auf der wutgeschwängerten Busreise in die kalifornische Heimat Inspiration für die Marke Megadeth und kritzelte erste Lyrics für einen Song namens »Set the World Afire« auf die Umverpackung eines Cupcakes. Der Songs sollte einige Jahre später auf dem dritten Album der zu diesem Zeitpunkt noch zu gründenden Band veröffentlicht werden. In seiner Autobiografie schreibt er über die Suche nach den ersten Mitstreitern:[119]

> **[...] Ich wollte eine Gruppe von Musikern finden, die talentiert und ambitioniert waren. Ich war auf Blut aus. Ich wollte Metallica in den Arsch treten, und das konnte ich nicht mit Amateuren. Die Mission war zu wichtig für Dilettanten.**

Da ist sie also, die Mission von Megadeth. Ja, wir wollen geile, harte, erstklassige Gitarrenmusik machen – lauter, härter und böser als alles, was die Welt bisher gehört hat. In Wahrheit geht es aber auch noch um etwas anderes: Metallica gehörig den Arsch zu versohlen.[120]

... UND REVANCHE

Mit diesem Gründungsimpuls stehen Megadeth/Mustaine seit rund 40 Jahren, bewusst oder unbewusst, idealtypisch für eine klassische Positionierung bestimmter Marken in einem Ökosystem: die der besseren Nummer 2, des Underdogs. Man liefert sich einen kontinuierlichen Wettstreit mit der Nummer 1, jedoch nicht als Nachahmer im Schatten, sondern in Form einer absichtsvollen Abgrenzung. Die Zielsetzung: Ich bin so ähnlich wie der Marktführer, aber spürbar besser, innovativer oder wenigstens cooler.

Manchmal, so wirkt es auf uns, steht der gute Dave damit ein wenig quengelig und spaßbremsig da. Man kann das Abarbeiten an ehemaligen Bandkollegen auch wesentlich freudvoller und mit ein wenig Augenzwinkern angehen. Der deutsche Metalgott Kai Hansen ist beispielsweise vor über 30 Jahren auf dem Höhepunkt des frühen Erfolgs bei der Metal-Institution Helloween ausgestiegen und hat die – im Kern sehr ähnlich klingende – Formation Gamma Ray gegründet. Es gab Knatsch, man disste sich gegenseitig in den Liner Notes der nächsten CDs, aber es blieb (zumindest nach außen) immer ein Restzwinkern in den Augen. Seit einigen Jahren musiziert man wieder fröhlich vereint unter dem Helloween-Banner und die Fans sind selig.

Aber zurück in die Bay Area. Die musikalischen und lyrischen Ähnlichkeiten zwischen Metallica und Megadeth sind kaum zu übersehen. Trotzdem hatten die letztgenannten immer schon eine etwas andere Anmutung: ein bisschen böser, ein bisschen verrückter, aber vor allen Dingen – ein bisschen besser.[121] In den Augen und Ohren vieler Musikexperten hatten und haben Megadeth zumindest qualitativ zumeist die Nase vorn. Das etwas ausgefeiltere Songwriting, die etwas intelligenteren Lyrics und, wenn auch nicht durchgehend auf allen Positionen, die besseren Instrumentalisten. Während Metallica seit Veröffentlichung ihres Debutalbums überhaupt nur zwei Wechsel im Lineup zu verzeichnen haben, gibt es bei Megadeth ein ständiges Kommen und Gehen. Mustaine blieb über die Jahre die einzige Konstante.

Das mag zum einen an der erratischen Persönlichkeit des Bandchefs liegen. Mit dem Mann ist nach all der Zeit und seinem unbestreitbaren Erfolg immer noch nicht gut Kirschen essen. Trotz des fortgeschrittenen Alters inklusive einer weitgehenden Abkehr von Drogen und Alkohol ist er für seinen vitriolischen Wutausbrüche und Schimpftiraden bekannt, gerne auch mal gegen Fans direkt von der Bühne. Um es kurz zu sagen: Nicht wenige Menschen halten den Gründer von Megadeth für einen Mega-Arsch.

Zur Ehrenrettung: Der gute Dave hatte einfach nicht das, was man gemeinhin als glückliche Kindheit bezeichnet. Er blickt zurück auf eine frühe Lebensphase, die von einem gewalttätigen Vater, religiösem Fanatismus, vielerlei Umzügen inklusive Phasen der Obdachlosigkeit und exzessivem Drogenkonsum geprägt war. Mustaine geht's ums Überleben, der Mann war und ist ein Fighter. Wir denken an ein bekanntes Bonmot, dass (wohl fälschlicherweise) Mark Twain zugeschrieben wird: »Es ist nicht die Größe des Hundes im Kampf. Es ist die Größe des Kampfes im Hund.«

GEILER SEIN

Die ständigen Wechsel seiner Mitmusikanten haben nach unserem Verständnis neben Mustaines zwischenmenschlichen Defiziten noch einen weiteren Grund. Insbesondere an der im Metal so wichtigen Leadgitarre zeigt sich das Element des »We try harder«: So lautet der zentrale Slogan einer legendären Kampagne aus dem Jahr 1962, mit der sich Avis, die damalige Nummer 2 für Autovermietung im US-Markt, gegen den Marktführer Hertz positionierte. Kernaussage: Wir sind nicht die Nummer 1, aber gerade *deswegen* sind wir besser.

Dave Mustaine hat in verschiedenen Phasen immer wieder neue Gitarristen engagiert, zumeist direkt von anderen Bands abgeworben. Die Liste liest sich wie die Crème de la Crème am Sechssaiter. Es ging und geht immer darum, den (oder wenigstens einen der) Besten an Bord zu haben, wenn auch nur für wenige Alben oder Tourneen. Das Ziel: technische Brillanz und Überlegenheit. Auf der anderen Seite geben Metallica in Interviews schon mal freimütig zu Protokoll, seit Jahren eigentlich immer zu wenig zu proben und stattdessen viel zu improvisieren. Irgendwie sympathisch für eine der größten Kapellen des Planeten. Es könnte aber auch als Faulheit oder Arroganz gedeutet werden. Anders gesagt: Man hat es offenbar nicht mehr nötig.

MITTELFINGER IM PÖTER DER NUMMER 1

Genau in diese Wunde hat auch Avis damals den Finger gelegt. Wer die Nummer 2 ist, kann es sich nicht erlauben, schlechter zu sein, sondern muss sich naturgemäß noch mehr reinhängen. Wenn man sich auf Platz 2 eine erfolgreiche Marktstellung erarbeiten möchte, reicht es gerade nicht, einfach nur der Herausforderer zu sein. Es gilt zwingend, sich als bessere, intelligentere oder wenigstens coolere Alternative zu präsentieren. Man muss glaubwürdig aufzeigen, dass man in Wirklichkeit das erfolgversprechendere Produkt in petto hat. Ergo: dass Kunden prinzipiell einen Fehler machen, wenn sie sich aus Bequemlichkeit mit dem Marktführer zufriedengeben.

Im Markt für Sportartikel war und ist eine solche Dynamik immer gut erkennbar. Im stadtinternen Vergleich von Herzogenaurach lag und liegt Puma in puncto Umsatz immer deutlichst hinter der Weltmarke Adidas zurück. Den höheren Coolnessfaktor in den letzten Jahren hatte aber meist die Marke mit der Katze, nicht die mit den drei Streifen. Puma erkannte früh(er) den Trend, Sportmode als Lifestyleprodukt zu vermarkten. Adidas hat in den vergangenen Jahren mit einträglichen Collaborations aufgeholt, zeigt aber am Beispiel von Schwurbel-Flitzpiepe Kanye West auch wunderbar, was passieren kann, wenn man sich zu sehr auf externe Zugpferde und zu wenig auf die Strahlkraft der eigenen Marke verlässt.

Dies ist eine erneute Einladung für den oder die Underdogs. Ihre Botschaft: Wer sich mit der Nummer 1 abfindet, ist tendenziell faul, hat zu wenig nachgedacht, rennt den Schafen in der Herde hinterher. Die Nummer 2 hingegen ist der Wolf, der die Herde vor sich hertreibt und sich ab und zu ein ordentliches Schnitzel herausbeißt. Warum, lieber Kunde, solltest du dich mit dem Erstbesten, mit der breiten Masse (also dem Durchschnitt) zufriedengeben, wenn du stattdessen auch das Allerbeste – uns – haben kannst?

UND JETZT: WERBUNG

Wenn eine Marke der Angreifer ist, macht es immer besonders Spaß, als Kreativer darauf zu arbeiten. Zu verlieren gibt es wenig, zu gewinnen alles. Allgemein fliegen dem Underdog immer die Herzen zu. Auch in der Werbung. Die Menschen lieben David eben mehr als Goliath. Dortmund mehr als Bayern.[122] Clawfinger mehr als Five Finger Death Punch.[123] Der Underdog bzw. »der Zweite« kommt meist mit mehr davon als der meist um staatstragende Seriosität bemühte Marktführer. Und dazu muss man nicht mal, wie in Amerika jahrzehntelang erlaubt, durch vergleichende Werbung auf den Gegner einhauen. Wenn Kommunikation und Mediawahl schlau sind. Frech. Gewandt. Augenzwinkernd. Austrainiert. Andersdenkend. Mit Spaß am Sockelrütteln.

Souveräne Aufmüpfigkeit gepaart mit Intelligenz ist angesagt. Im Gegensatz zum Race Leader, der auch in der Kommunikation meist eher dazu tendiert, mit ruhigerer Hand zu regieren. Die Geschichte des Heavy Metal steckt voller Anekdoten von Konzerten, bei denen die Vorgruppe der Hauptband so die Butter vom Brot nahm, dass nicht nur die Halle mit offenen Mündern zurückblieb, sondern auch der Startschuss für große Karrieren laut und deutlich vernehmbar war.[124]

Viele der spannendsten Marken und Kampagnen kommen von Angreifern: Pepsi, Burger King, Sixt, Ben & Jerry's, Samsung. Denn Angriffslust ist eine starke Motivation, die (meist in Zusammenhang mit kleineren bis gar keinen Budgets) erfinderisch macht und neue Denkweisen einfordert. Schauen wir uns einmal zwei Exemplare näher an.

ERICH SIXT STATT NIKKI SIXX

Das Beste zum Anfang: Sixt hat es geschafft, Marktführer zu werden und sich dabei immer noch wie ein Angreifer anzufühlen. Das Marketinggrundrezept lautete von Anfang an: First Class fahren, Economy zahlen.[125] Das Ganze immer garniert mit einem coolen Spruch und einem Angebot/Preis.[126] Zutaten: viel Angriffslust, um den damals starren Autovermietungsmarkt aufzumischen, ein Geschäftsmann, der Lust an der Provokation hatte und mit dem Agenturchef eine einzigartige Symbiose einging[127] plus Armeen von Kreativen, die seit fast drei Jahrzehnten versuchen, sich gegenseitig zu überbieten.[128]

Angriffslust muss man sich aber auch trauen. Was wie eine Binse klingt, ist im Alltag manchmal nicht so einfach zu sehen. Wie oft kamen Kunden zu Jung von Matt mit dem Auftrag: »Wir wollen auch sowas wie Sixt«. Das hat nicht von ungefähr Ähnlichkeit mit der legendären Pointe aus *Harry & Sally*: »Ich möchte genau das, was sie hatte.« Der Ausgang eines solchen Briefings war fast immer gleich. Sobald Kunden eine nach diesen Vorgaben gefertigte Kampagne, aber mit ihrem Logo darunter, sahen, war es gerne mal totenstill im Konfi. Nur der Papierkorb freute sich schon mal vor.

Sixt war und ist immer überraschend, immer gewillt, gezielte Provokation als starken Hebel einzusetzen. Und immer innovativ. Wer weniger Geld hat, muss lauter werben. Oder schlauer. Oder beides: In auflagenstarken Titeln wie dem *Spiegel* oder dem *Manager Magazin* reduzierte man die Schaltkosten um die Hälfte, indem man statt Vierfarbdruck nur zwei buchte: Schwarz-weiß plus Sonderfarbe. So entstand das kultige Orange-Layout.

Furore machte auch der berühmte Sixt-Koffer, der von Flughafenmitarbeitern als Erstes aufs Gepäckband gestellt wurde und dort Werbung machte, wo vor 30 Jahren noch niemand daran dachte. Apropos Flughafen: Schon sehr früh buchte Sixt buchstäblich *alle*

Plakatflächen an allen Flughäfen, weil dort die Zielgruppe der Geschäftsreisenden anzutreffen war. Damals waren diese Flächen noch ein völlig unterbewertetes und teilweise günstiges Medium, auf dem meist nur Banken, irgendwelche Marktführer von Kevlarschläuchen und Fashionmarken mit verschwurbelten Botschaften à la »Passion for Luxury« oder gerne auch »Luxury is Passion« ihre Budgets von der Steuer abschrieben.

Später kamen noch Busse, Plakate direkt gegenüber den Konkurrenzschaltern (»Bei Grün fahren, bei Orange mieten«) sowie Installationen jeder Art im gesamten Flughafengebäude hinzu.[129] Am bekanntesten ist wahrscheinlich der in Hamburg an langen Kleberfäden von der Decke baumelnde Mercedes mit der Botschaft: »Vorsicht! Nur mit Billigleim befestigt. Mehr war bei unseren billigen Tarifen nicht drin.« Wie auch der als Schnecke umherkriechende Jung-von-Matt-Mitarbeiter mit der Aufschrift: »Achtung, Schleichwerbung. Sixt ist günstig.«

UNDERDOG GOES TOP DOG

Sixt gelingt sogar das Kunststück, sich immer noch als smarter Underdog darzustellen, der er längst nicht mehr ist.[130] Das ist sehr selten, denn mit Marken ist es oft wie mit Bands. Man folgt ihnen gerne, wenn sie noch ein Geheimtipp sind, bleibt ihnen treu. Bis sie zu groß werden. Und bis im Falle von Sixt selbst der Mensch, den man in der Schule oder im Studium immer am blödesten fand, mit dir in der Schlange am orangefarbenen Schalter ansteht.

Das liegt zum einen an der immer gleichbleibenden Ansprache und zum anderen am – zwar in homöopathischen Dosen weiterentwickelten, aber immer gut wiederzuerkennenden – Look. Die Pullacher sind laut, ruppig, lustig und verdammt orange. Diese Tonalität wurde vor über 30 Jahren für Printwerbung erfunden, funktioniert aber auch in den neuen Kanälen gut. Eine Headline wie »Die einzige Miete, bei der die Heizkosten inklusive sind« über einem BMW M4 Coupé funzt auch auf Insta. Und mit einem bisschen After-Effects-Grundwissen auch auf TikTok.

MUCHO (GUSTAVO) GUSTO

Wir sind Fans der Marke Gustavo Gusto, weil es den Pizzabäckern gelungen ist, in einen Markt einzudringen, den viele für unknackbar hielten. Platzhirsch Dr. Oetker arbeitet furchtbar gern mit Restaurant-Abendessenszenarien, Italienkulissen Marke »Studio 2000«, mit den in der Food-Branche üblichen (nicht erst seit Lurpak Butter, aber von denen auf die absolute Könnerspitze getriebenen) Close-ups – und natürlich mit Genießern, die mit geschlossenen Augen auch morgen noch kraftvoll zubeißen.[131] Angreifer Gustavo Gusto geht komplett andere Wege und befreit die Tiefkühlpizza vom Pappimage, dass von den zwei Marktführern mit Herkunftswelten mühsam zugespachtelt wurde. 2014 gründete Christoph Schramm seine Firma mit der Überzeugung, dass Tiefkühlpizzen nicht zwangsläufig billig schmecken müssen: »Ich habe mich immer gefragt, warum es denn keine Pizza in der Tiefkühltruhe gibt, die wie eine Pizzeria-Pizza schmeckt und aussieht.«

Nicht nur war die Pizza der bayrischen Firma mit ihrem Durchmesser von Beginn an größer als alle anderen (womit sie sich sogar noch einen Logistikstreit mit dem Handel ans Bein band – 99,9 Prozent aller Firmen hätten hier spätestens das Hindernis verweigert). Nein: Die Packung ist einfach mal weiß. Darauf sind mit einem dicken Edding über dem angeschnittenen Packshot (!) lustige Botschaften gemalt. Anstatt Produktnamen. Damit dient die Packung auch noch als Visitenkarte und – lange Zeit – einzige Werbefläche: »Wir nehmen nur Mozzarella. Alles andere ist Käse« oder »Alles halb so mild«.[132]

Man fragt sich, warum noch niemand vorher darauf gekommen ist. Vielleicht waren sich die Pizzaplatzhirsche zu sicher, dass sie einfach weiter auf dem verkrusteten Segment sitzen müssten, das sowieso von niemandem mehr aufgestemmt werden könnte? Ob Vier-Käse-Pizza mit den Kultfiguren Bud Spencer und Terence Hill oder Neuheiten wie Pizza Margherita zum Selberbelegen. Das Motto von Gustavo war immer gleich: Hauptsache anders als die Konkurrenz.

In der Pandemie lief das Unternehmen dann zur kommunikativen Höchstform auf, indem die Marke auf großen Plakaten dazu aufrief, *keine* Tiefkühlpizzen mehr zu essen. Stattdessen solle man bitte die lokalen Pizzalokale unterstützen, wie sich dann im restlichen Erklärtext herausstellte. Wie bei Patagonia wird dieses uneigennützige Robin-Hood-Verhalten von den Leuten da draußen goutiert und supportet. Die Verkaufsbotschaft »Und wenn es doch mal eine Tiefkühlpizza sein soll, dann … Na ja, ihr wisst schon …« nimmt den Mund nicht zu voll und schmeckt. Dafür und für noch viel mehr gewann Gustavo Gusto den Grand Effie 2021. Wohlverdient. Fazit: Fehlende Budgets machen erfinderisch.

Nicht landesweit im TV werben zu können, nicht mit Influencern und Followerzahlen im Millionenbereich aufwarten zu können, kann auch eine Chance sein. Zwar stöhnt jeder Kreative bei solchen Briefings mit briefmarkengroßer Landefläche auf, und doch ist das Ergebnis meist besser, als wenn alles geht. Wohlgemerkt: wenn man woanders einen oder zwei Hebel nach oben ziehen kann. Nur billig und nur leise und nur klein, das wird nichts. Disruption ist in solchen Fällen nicht nur vorangetragenes Mantra. Sondern erste Werberpflicht.

Wer als Marke autark bleibt und sich nicht zu offensichtlich am Marktführer abarbeitet, sondern selbstbewusst nach vorne geht, hat schon gewonnen. Wichtig ist, dass die Konkurrenz nicht gedisst (das überlassen wir den doofen Hip-Hoppern), sondern schlau ausgetanzt wird. Frech, mutig, laut: eben Metal. Gell, Mister Mustaine?

BLICK IN DIE FORSCHUNG

In der Marketingliteratur kennt man, auch wenn es nicht wahnsinnig viele Arbeiten zu diesem Sujet gibt, den »Underdog Effect«. Sein prominenter Gegenspieler, der »Bandwagon Effect«, ist deutlich bekannter. Letztgenannter beantwortet die Frage: Warum gibt es in dieser schönen Republik verdammt nochmal so viele Fans von Bayern München? Am Sympathiewert der Protagonisten (vor allem im Management) kann es nach unserem Dafürhalten kaum liegen. Stattdessen besagt die hinreichend durch Daten und anekdotische Evidenz untermauerte Theorie, dass Menschen sich gerne mit erfolgreichen Marken umgeben. Dafür gibt es im Wesentlichen drei Gründe.

- Erstens erwecken erfolgreiche Marken und Produkte Vertrauen und geben uns Sicherheit, nach dem Motto: Da weiß man, was man hat.
- Zweitens wirken sie über den Sog der Konformität. Viele Menschen mögen und machen gerne, was viele andere Menschen (vermeintlich) mögen und machen.
- Drittens wirken sie über den Weg der persönlichen Identitätsbestätigung. Der Glanz der Marke strahlt gewissermaßen auf das Selbstbild des Fans bzw. Nutzers ab und stärkt dessen Selbstwert.

Mit dem Underdog Effect verhält es sich anders (Schmidt & Steenkamp, 2022). Manche Menschen neigen aus einem tiefen Bedürfnis nach Nonkonformismus dazu, den Marktführer in einem jeweiligen Segment abzulehnen. Denn der Nummer 1 zu huldigen, würde einem Mit-dem-Strom-schwimmen gleichkommen, was in diesem Fall dem Selbstkonzept zuwiderläuft. Eine solche Dynamik ist besonders ausgeprägt, wenn der Marktführer einstweilen als abgehoben und nicht mehr nahbar gesehen wird.

Auch eine Underdog-Marke reüssiert folglich durch Bestätigung der Identität der Fans beziehungsweise Konsumenten. Allerdings geht es nicht um Sicherheit oder den Glanz des Erfolgs, sondern um den Reiz des Rebellentums und die in vielen Menschen angelegte natürliche Sympathie für Außenseiter. Wer den Underdog unterstützt, steht (gefühlt) auch auf der Seite der Fairness. Hinzukommt, dass sich praktisch jeder Mensch zu einem bestimmten Zeitpunkt im Leben als Underdog gefühlt haben dürfte, vor allem in der Kindheit oder Jugend.

Um mit einer solchen Positionierung zu punkten, braucht es neben dem Versprechen, qualitativ besser, innovativer oder cooler zu sein als der Marktführer, vor allem eine *authentische Hintergrundgeschichte* (Paharia et al., 2011), so wie sie auch Dave Mustaine mit seiner dysfunktionalen Kindheitsgeschichte verkörpert. Dabei geht es um Aspekte wie:

- eine bescheidene Herkunft oder das Tüfteln in der Garage,
- das Überwinden von Startschwierigkeiten oder Ungerechtigkeiten,
- das psychologische Element des Kampfes gegen einen scheinbar übermächtigen Gegner, die typische »David gegen Goliath«-Dynamik.

Die Authentizität dieser Backstory muss über jeden Zweifel erhaben sein und auch bleiben. Mangelnde Authentizität lässt den Charme der Außenseiter-Positionierung schneller dahinschmelzen als den letzten Schnee im Frühling. Von daher ist auch Vorsicht geboten, wenn ein größerer Konkurrent eine Underdog-Marke übernimmt. Selbst wenn die Marke nicht angerührt wird und die ursprünglichen Macher an Bord bleiben, liegt es im Bereich des Möglichen, dass die Außenseiter-Positionierung durch die neue Zugehörigkeit zu einem anonymen Konzern kontaminiert wird. Andererseits bedeutet dieser Umstand auch, dass selbst milliardenschwere multinationale Konzerne noch von der Underdog-Story profitieren können, wenn es ihnen gelingt, ihren Ursprung als Außenseiter bzw. Herausforderer kommunikativ am Leben zu halten. Ein Kunststück, das vor allem Apple über die Jahre immer wieder gelungen ist.

ZUSAMMENFASSUNG UND TIPPS

* Die wichtigste Ingredienz für eine erfolgreiche Underdog-Positionierung ist ein (dem Marktführer) überlegenes Leistungsversprechen. Der Herausforderer sollte möglichst objektiv bessere Leistungen bei zentralen Produkteigenschaften erbringen oder zumindest einige innovativere Features anbieten.
* Eine weitere wichtige Zutat ist ein gehöriger Schuss Nonkonformismus. Es geht darum, eine Form der Outsider-Zugehörigkeit anzutriggern. Der Marktführer mag übergreifend erfolgreicher agieren, aber der Underdog punktet mit dem Reiz der Rebellion. Man kann sich mehr erlauben, mutiger sein, hat weniger zu verlieren. Willkommen auf der coolen Seite der Macht.
* Authentizität ist die wichtigste Währung des Underdogs. Die Glaubwürdigkeit der Herkunftsgeschichte muss über jeden Zweifel erhaben sein. In dieser Hinsicht kann übermäßiger Zuspruch Underdog-Marken zu Fall bringen, wenn der Status als Herausforderer zu stark vom späteren Erfolg überlagert wird.
* Die Positionierung als Underdog verspricht umso erfolgreicher zu sein, je eher es gelingt, den Marktführer als übermächtig oder anderweitig bedrohlich zu framen.
* Des Weiteren gilt es, sich selbst als hart arbeitend zu präsentieren. Der Underdog reüssiert durch Engagement, Anstrengung und Leistung, nicht allein durch seinen Status.
* Menschen mit einer persönlichen Vorliebe für Außenseiter fühlen sich naturgemäß mehr abgeholt von Underdogs. Demografie und psychologische Merkmale der Zielgruppe entscheiden also mit darüber, wie erfolgreich die Underdog-Positionierung sein wird. Zudem ist der Erfolg auch ein Stück weit kulturabhängig. Kulturen, in denen »David gegen

Goliath«- bzw. »From Rags to Riches«-Geschichten besonders geschätzt werden, bieten einen guten Nährboden. Die Underdog-Positionierung kann bis zu einem gewissen Grad auch für Marktführer funktionieren, solange die Backstory als (ursprünglicher) Herausforderer oder Außenseiter glaubwürdig am Leben erhalten werden kann. Siehe beispielsweise Nike oder Apple. Der Gründungsmythos vom bescheidenen Anfang in einer Garage sorgt im besten Fall dafür, dass die Coolness nicht verblasst, auch wenn man einstweilen zum bösen Konzern mutiert ist.

Kapitel Fünf

KONSERVIEREN

WENN DU ALLES WIE IMMER MACHST

Turn the ploughshares into swords
You sons of Albion awake, defend this sacred land
(DARKEST HOUR | SENJUTSU, 2021)

Er läuft … und läuft … und läuft. Mit diesem Slogan hat Volkswagen früher erfolgreich für den VW Käfer geworben. An der Bauweise des beliebten Automobils hat sich in all den Jahrzehnten recht wenig geändert, der Motor war bekanntermaßen die Zuverlässigkeit in Maschinengestalt. Etwas in dieser Art kommt uns auch in den Sinn, wenn wir an die Briten von Iron Maiden denken. Sie spielen … und spielen … und spielen. Auch bei ihnen hat sich (musikalisch) in den letzten mehr als 40 Jahren herzlich wenig verändert. Und das ist auch gut so!

Während andere Metalbands zum Teil waghalsige Volten bei der musikalischen Entwicklung und/oder dem Image geschlagen haben, machen Iron Maiden seit Jahrzehnten immer wieder das Gleiche.[133] Und die riesige globale Fanschar liebt sie *genau dafür*. Im Gegensatz zu so mancher Band, die bei einer Veröffentlichung dafür kritisiert wird, sie hätte sich nicht weiterentwickelt, würden Iron Maiden eher eins drüber kriegen, wenn sie sich zu weit von ihren Wurzeln entfernten. Wie kömmt's?

SGT. MAJOR HARRIS

Iron Maiden wurde 1975 in einem Londoner Arbeiterviertel von Steve Harris gegründet. Er ist Bassist, Hauptkomponist und unangefochtener Leader der Gruppe. Wie bei vielen Bands waren die frühen Jahre von stetigen Besetzungswechseln gekennzeichnet. Harris hatte von Tag 1 an eine klare Vision für den Sound und das Konzept der Combo: Hart und fetzig sollte es sein, aber nicht zu simpel. Iron Maiden zählen nicht zu den Progressive Metal Bands,[134] doch ihr Sound war auch niemals 08/15. Häufige Tempowechsel und lange Songs mit ausgefeilten Instrumentalpassagen standen von Anfang an auf dem Menü. Wer Harris' hohen Ansprüchen nicht genügte oder sich unprofessionell verhielt, wurde flugs wieder aus der Gruppe geschmissen. Ein Muster, das auch in späteren Jahren von Bedeutung sein sollte. So heißt es in einer autorisierten Biografie:

> **Die wahre Geschichte von Iron Maiden beginnt und endet mit den Träumen und dem Ehrgeiz eines einzelnen Mannes, Steve Harris. Er war es, der sich den Namen, die Songs, die Idee und die Attitüde ausgedacht hat, und er ist es, der dafür sorgt, dass Maiden ihrer Aufgabe treu bleiben, ganz gleich, was passiert.**[135]

Diese Entschlossenheit, gepaart mit einem gewissen Kontrollzwang, brachte ihm bandintern immer wieder unvorteilhafte Spitznamen wie Sgt. Major Harris oder Ayatollah ein. Doch der Erfolg gibt ihm recht. Neben der schieren Langlebigkeit und Konstanz sind Iron Maiden einfach fett erfolgreich. Die Zahl verkaufter Tonträger wird im Netz mit 120 bis 200 Millionen angegeben, wobei die zweitgenannte Zahl mit Sicherheit die große Fülle an Livealben beinhaltet, welche die Band über die Jahre veröffentlicht hat.

Metallica mögen noch ein Quäntchen bedeutender sein, aber Iron Maiden brauchen sich wahrlich nicht zu verstecken. Das Ganze ist umso beeindruckender, wenn man berücksichtigt, dass die Briten im Vergleich zu James Hetfield & Co. praktisch nie auf gängigen Radiostationen oder MTV gespielt werden. Iron Maiden sind die größte Undergroundband der Welt, haben sich ihren Status in erster Linie im Schweiße des Angesichts erspielt, mit einer weltweiten Tour nach der nächsten – und mit erstklassigem Marketing abseits des Mainstreams.

MUSIKER KOMMEN UND GEHEN, DER SOUND BLEIBT STABIL

Mit Sänger Paul Di'Anno nahmen Iron Maiden 1980 zu fünft ihr selbst betiteltes Debut und 1981 den Nachfolger *Killers* auf. Die Alben waren durchaus erfolgreich, der große internationale Durchbruch kam allerdings erst 1982 m it *The Number of the Beast*, dem ersten Album mit dem charismatischen Bruce Dickinson (Spitzname: Air Raid Siren). Dieser hatte den vorigen Sänger am Mikro abgelöst, weil dessen Stimme wegen zunehmender Drogenprobleme immer mehr zu wünschen übrig ließ. Viele Musikkritiker gehen davon aus, dass der Erfolg von Iron Maiden zwar auf das musikalische Genie von Steve Harris zurückzuführen ist, aber letztlich ohne den außergewöhnlichen Frontmann Dickinson in der bekannten Form nicht möglich gewesen wäre.

Beide haben starke Egos und gerieten regelmäßig aneinander. 1993 verließ Dickinson die Band, um eine Solokarriere zu verfolgen, stieg jedoch 1999 wieder ein.[136] Seitdem spielen Iron Maiden in einer stabilen Sechs-Mann-Besetzung. Nach Harris ist Gitarrist Dave Murray das Bandmitglied mit der längsten Verweildauer. Neben dem Bandgründer ist er auch das einzige Mitglied, das auf allen offiziellen Veröffentlichungen zu hören ist. Die weiteren Gitarristen sind Janick Gers (seit 1990) und Adrian Smith (1980 bis 1989 und wieder ab 1999).[137] Am Schlagzeug sitzt durchgehend seit 1982 der stets gut gelaunt wirkende Fanliebling Nicko McBrain.

NICHT OHNE MEINEN EDDIE

Ein weiteres Bandmitglied (ehrenhalber) von Iron Maiden ist Eddie. Eine Art Zombiemonster, das seit den allerersten Veröffentlichungen auf praktisch jedem Plattencover und fast allen Merchandising-Artikeln in unterschiedlichen Inkarnationen zu sehen ist. Mal sieht er ein wenig aus wie eine Mumie, mal wie ein Pharao, ein anderes Mal wie ein Cyborg oder viele andere Gestalten. Er wandelt sich mit jeder Veröffentlichung, bleibt aber immer unverkennbar Eddie. Das Band-Maskottchen ist auch ein integraler Teil jeder Liveshow. Mal taucht er als überlebensgroßes Gesicht auf dem Backdrop auf, mal als mehrere Meter große, lebensechte Figur, die den Musikern während der Show an die Gurgel gehen will und mit Gitarren abgewehrt werden muss. Obwohl durchaus ein bisschen furchteinflößend,[138] bleibt das Monster doch immer ein Fan Favorite.

Viele Metalbands haben sich eine Art Maskottchen[139] angeschafft, doch keines ist so prominent, langlebig und unverkennbar wie Eddie. Zusammen mit dem ikonischen Bandlogo ist Eddie der wandelnde Beweis für das untrügliche Marketinggespür von Iron Maiden. Nicht nur die Musik bleibt immer erkennbar »on brand« – auch die Bildsprache zeugt von einem Wissen um den hohen Wert der Konstanz für eine erfolgreiche Positionierung.

VERY BRITISH

Ein weiteres Merkmal im Marketingspiel von Iron Maiden ist der Bezug zu Großbritannien und die Verwendung der Union-Jack-Flagge. Zwar veröffentlichten Judas Priest bereits 1980 ein Album namens *British Steel*, aber es kann kein Zweifel daran bestehen, dass Iron Maiden die britischste aller britischen Metalbands ist.[140] So schwenkt Frontmann Bruce Dickinson die Flagge bei Konzerten während des Songs »The Trooper«, angelehnt an das Cover der gleichnamigen Single von 1983. Das Lied beruht textlich auf dem Gedicht »Der Todesritt der leichten Brigade« von Alfred Lord Tennyson (1854) und schildert die Schlacht von

Balaklawa im Krimkrieg zwischen britischen Kavalleristen und russischen Kanonieren.

Ganz allgemein interessieren sich Iron Maiden ausnehmend für historische Themen, insbesondere kriegerische Auseinandersetzungen. Viele ihrer Songs widmen sich konkreten Ereignissen aus dem Ersten (»Paschendale«, 2003) und dem Zweiten Weltkrieg (»The Longest Day«, 2006). Während es in den Liedern oft um Heldenmut und die besonderen Taten einzelner Protagonisten geht, wird der Krieg selbst nicht glorifiziert, sondern mit seinem hohen Potenzial für Leid und Verzweiflung beschrieben. Zudem schlägt sich die Band auch nicht stumpf auf die Seite ihrer englischen Heimat. Das Lied »Death or Glory« (2015) ist beispielsweise aus der Perspektive von Manfred von Richthofen geschrieben, »The Clansmen« (1998) ist angelehnt an die Story des Films *Braveheart* und schildert den Unabhängigkeitskampf gegen die Engländer aus schottischer Sicht.[141]

Iron Maiden haben mittlerweile selbst Historisches geleistet und sind ein integraler Bestandteil der Musikgeschichte. Durch ihren Rückbezug auf historische Stoffe und entsprechende Symbolik erzeugen sie jedoch den Eindruck, Teil von etwas noch Größerem zu sein. Sie musizieren auf dem unendlichen Strom der Zeit von den Pharaonen über Alexander den Großen, Dschingis Khan und die Pilgerväter auf der Mayflower bis hin zu Winston Churchill – und sogar in die Zukunft hinein, wenn sie Science-Fiction-Vorlagen verarbeiten.[142] Iron Maiden stehen für Kontinuität und Tradition. Es wirkt ein wenig so, als wären sie schon immer dagewesen.[143] Und als ob sie ewig leben werden. So wie Johnny Walker oder eine Levi's 501.

Vermutlich *werden* sie auch ewig leben. Zumindest ihre Musik und ihr Einfluss. Die Zahl der Bands, die vor allem wegen Iron Maiden mit dem Musizieren begonnen haben, geht in die Tausende – und das schließt die vielen unbekannten Hobbykapellen noch gar nicht mit ein.

STAATSTRAGEND

Neben der geschickten Verwendung historischer Bezüge schaffen es Iron Maiden noch auf eine andere Weise, irgendwie größer daherzukommen als viele ihrer Konkurrenten. Während im Metal generell so einiges überlebensgroß ausgespielt wird, könnten Steve Harris und das Management der Band gut und gerne Urheber des Mottos »Think big!« gewesen sein. Das galt seit den frühen 1980ern für die immer leicht größenwahnsinnig wirkenden Bühnenshows und später auch für die Logistik rund um die Touraktivitäten. Um die exorbitanten Aufbauten und die dafür nötige Crew stressarm auch an entlegene Orte des metallischen Globus transportieren zu können, bestritt die Band ihre Konzertreisen eine Zeit lang mit verschiedenen gemieteten Düsenjets, die alle auf den Namen »Ed Force One« getauft wurden.

Wem da nicht Bilder eines Staatsbesuches in den Kopf kommen, der hat einmal zu wenig hingeschaut. Dabei stellt die Band manchmal sogar echte Staatsoberhäupter und Regierungschefs in den Schatten. 2016 ging ein Bild vom Flughafen Zürich um die Welt. Dort parkte die damalige Inkarnation der Ed Force One, eine Boeing 747. Daneben standen wie Spielzeuge die Flieger von Angela Merkel und François Hollande, die zur Eröffnung des Gotthard-Basistunnels in die Schweiz gereist waren.

So ist es auch nur milde verwunderlich, dass Iron Maiden Anfang 2023 m it einer eigenen Briefmarkenkollektion der Royal Mail geehrt wurden. Wir beobachten gespannt, ob die Bandmitglieder in diesem Leben noch in den Adelsstand erhoben werden. Sir Eddie, OBE, der King Charles nach erfolgreichem Ritterschlag das Schwert klaut und mit rot leuchtenden Augen marodierend durch den Buckingham Palace stolziert – es würde auf jeden Fall gut ins Gesamtbild passen.

KONSERVATIV, ABER NICHT BETRIEBSBLIND

Der Fokus aufs Historische, gepaart mit dem Wunsch nach musikalischer und ikonografischer Kontinuität, bedeutet jedoch keineswegs, dass sich die Iron Maiden der Moderne verschließen würden. Während die Band alle paar Jahre ein neues Album herausbringt und die Welt bereist, denkt das Management weit über traditionelles Merchandising hinaus und hat sich früh gefragt, wie sich das besondere Fanerlebnis über die Konzerte hinaus verlängern lassen kann. Davon zeugt beispielsweise das Computerspiel *Ed Hunter*, ein First Person Shooter von 1999, dessen Welten lose auf den Alben der Band bis 1998 beruhen. Seit 2016 gibt es zudem *Iron Maiden: Legacy of the Beast*. Dabei handelt es sich um ein Free2Play-Rollenspiel, dessen digitale Welten ständig erweitert werden. Hierbei kommt es auch zu Kollaborationen, wobei Maskottchen oder Protagonisten befreundeter Bands für eine begrenzte Zeit in das Gameplay integriert werden.

Außerdem vertreibt die Band seit 2013 ein eigenes Bier namens The Trooper, in jüngster Zeit auch eine Serie von Graphic Novels sowie Merch-Artikel, die auf einem Crossover mit Figuren aus dem Marvel-Universum beruhen. Darunter T-Shirts, auf denen das Maskottchen Eddie neben Figuren aus *Guardians of the Galaxy*, *The Avengers* oder *Venom* abgebildet ist. Merke: Nur weil man historisch-distinguiert unterwegs ist, sollte man sich der Zukunft nicht verweigern. Der Markenerfolg will für kommende Zeiten gesichert werden. Da gilt es, Bewährtes auf neue Art und Weise an den jungen Mann (und die Frau) zu bringen. Wer nicht mit der Zeit geht, geht mit der Zeit. Selbst wenn man die Geschichte auf seiner Seite hat. Bei den Konzerten zeigt sich allerdings verlässlich, dass die Fan-Zukunft gesichert ist. »Metalson of a Metaldad«, liest man dort auf so mancher Kutte.[144]

UND JETZT: WERBUNG

Wenn Marken Tradition haben, dann fußt das auf den zwei H: Herkunft und Historie. Nicht ganz unselten auf beiden zugleich. Menschen verbinden mit Marken, die eine lange Geschichte haben, zumeist positive Begriffe wie Qualität, Verlässlichkeit, Erfahrung, Prestige und manchmal auch zeitlose Eleganz. Traditionsmarken haben sich über die Jahre einen guten Ruf erarbeitet, was bei Verbrauchern ein Gefühl von Vertrauen und Sicherheit hervorrufen kann. Sie können auch als Symbol für Stabilität und Verlässlichkeit in einer sich schnell verändernden Welt wahrgenommen werden. Gesunde, solide gewachsene Eichen, an denen sich die Durchlauferhitzermarken reiben.

Diese Traditionsmarken gibt es in allen Kategorien. Ob Automobile, Motorräder, Klamotten, Genuss- oder Luxusmarken: Wer auf eine lange Tradition zurückblicken kann, vermittelt Ruhe und Gelassenheit, aber auch das logisch erschließbare Wissen, dass Generationen von Menschen damit zufrieden gewesen sein müssen. Der Markt hätte sie sonst wegreguliert. Was man im Lauf der Jahre in seinen Ruf investiert hat, das schützt man vor negativer Bewertung oder Berichterstattung durch Verpflichtung zu Qualität und Authentizität.

Das gilt natürlich auch für die Metalbands der ersten Stunde, die auf uns Fans als extrem loyale und nicht leicht zu verscheuchende Kaufkraft zurückgreifen können. Aber: Nur, weil Opa einem dauernd vorschwärmt, dass er Iron Maiden schon 28-mal gesehen hat, wird man noch nicht Fan. Und nur, weil alle anderen sich auf Motörhead einigen können, kauft man sich nicht den gesamten Back-Katalog.[145] Oft reibt man sich die Augen, wenn Songs, die mal als Revolution galten, inzwischen Oldie-Status haben, weil sie 40 Jahre und älter sind.[146]

AUS ALT MACH ... WENIGER ALT

Nicht überall wird ein großes Erbe als Vorteil gesehen, denn schnell setzt man sich der Gefahr aus, Dinosaurierstallgeruch zu entwickeln. Nicht nur aus diesem Grund ist es recht selten geworden, dass Marken ihr Heritage in der Kommunikation nach ganz vorne stellen.[147] Vielleicht als dezenten Zusatz unter dem Logo.

Aber nicht einmal das ist noch sicher, wie die panische Angst von Modelabels vor der Veralterung beweist. Innerhalb kurzer Zeit haben sechs Marken mit etablierten visuellen Identitäten (Boss, Yves Saint Laurent, Balenciaga, Burberry, Berluti und Balmain) ihre Logos an den Status quo angepasst und sind damit nicht nur ihre Vergangenheit losgeworden, sondern auch ihre Einzigartigkeit. Sie sehen sich jetzt alle ähnlich. Nur Burberry hatte nach zwei Jahren ein Einsehen und ging gegen den Trend zurück zum alten, etwas modernisierten Logo.

Im Uhrensegment (und bei guter Schoki) wird gerne darauf verwiesen, dass die Handwerkskunst von Generation zu Generation weitergegeben wurde, so wie auch oft die Produkte. Es wird eine Ära beschworen, als der Mensch zu der feinmechanischen Höchstleistung imstande war, mehrere (mechanische) Komplikationen in ein einziges Gehäuse zu packen (und zwei unterschiedliche Füllungen in eine Praline). Natürlich könnten das Roboter seit Jahrzehnten schon viel präziser und schneller, aber das zieht uns einfach nicht so in den Bann, wie diese traditionellen menschlichen Errungenschaften.

Selbstredend muss man aufpassen, dass man nicht zu seinem eigenen Museum konvertiert. Klar kann man zum Beispiel mit dem Begrüßungsfilm aus seinem Besucherzentrum auch ins Fernsehen gehen, aber auf diesen historischen Stolz stehen meistens nur die Absender, nicht die Empfänger. Das gilt umgekehrt übrigens auch: Hat man einen Spot produziert, der als Begrüßungsfilm im Besucherzentrum laufen könnte, dann ...[148]

TROCKENE ALKOHOLIKA AUS TRADITION

Kommt zusätzlich geografische Wichtigkeit ins Spiel, wird die Bedeutung der Tradition noch relevanter. Uhren müssen aus Genf stammen, Lederschuhe aus Budapest, Klamotten aus Paris, Autos aus Zuffenhausen[149] und Whiskey, zusammen mit Cola auch »Lemmy« genannt, aus Lynchburg, Tennessee. Ein 600-Seelen-Nest mit einer Ampel, 200.000 Besuchern im Jahr und einem striktem Alkoholverbot als Überbleibsel der Prohibition.[150] Heimat von Jack Daniel's.

Die Markenpyramide von Jack Daniel's ist um das Kernkonzept »Authentizität« herum aufgebaut. Schon das seit seiner Erfindung nahezu unveränderte Etikett schreit Heritage lauter, als es jedes P.A.-System auf der Welt jemals könnte.[151] Und weil es das schon so unendlich lange gibt, haben Menschen daraus sogar T-Shirts gemacht. Und Buchcover.[152] Die in der Kommunikation benutzte Typografie und Textur wurde nicht dem Zeitgeist geopfert. Vieles ist handgemacht, handgeschrieben, abgenutzt, schwarz-weiß und wahnsinnig Vintage.

Warum? Weil sie es können. Man mag es kaum glauben, aber die gesamte Weltproduktion des Whiskey-Marktführers – und laut dem Filialleiter eines Edeka-Marktes der meistgeklaute obendrein – wird immer noch in diesem Ort produziert. Und zwar nicht in hochmodernen, auf Hochglanz getrimmten Abfüllanlagen, für die man den umliegenden Wald gerodet hat, sondern noch genauso wie früher, als die Welt anders war und die Menschheit noch ein paar andere Geheimnisse kannte.[153] Zum Beispiel das Destillat über Holzkohle vom Zucker-Ahorn filtern zu lassen.

Für Stadtmenschen ist es beruhigend zu sehen, dass das Leben auf dem Land noch eine andere Anmutung, eine andere Geschwindigkeit und somit auch ein anderes Wertesystem hat. Auf dieser Authentizität und Ursprünglichkeit fußte auch jahrelang die Kommunikation: Die Einwohner von Lynchburg üben sich beim

Warten auf das Endprodukt im gepflegten Nichtstun. Zu ruhiger Countrymusik werden wunderschön verklärte, rurale Bilder und immer wieder die Leute aus Lynchburg gezeigt, die wirklich die Ruhe weg haben – und zwar fast alle.

Sie parodieren sich schon mal selbst in historischen Kostümen, um klarzumachen, dass sie die Tradition längst in die Neuzeit gezogen haben. (Mit Whiskey-Likören wie dem Jack Daniel's Honey, Flavoured Whiskey wie Jack Daniel's Winter und Delikatessen wie Jack Daniel's Single Barrel.) Kurz: Rund um Lynchburg gibt es genug spannende Geschichten über interessante, gegen den Strom schwimmende Menschen zu erzählen. Genauso wie aus den Tausenden ausschenkenden Bars weltweit. Gemäß dem Schlachtruf: »We are Jack!«[154]

Trotzdem hat man für die aktuelle Kampagne unter dem Banner »Make it count!« vor ungefähr zwei Jahren beschlossen, nicht mehr die Tradition zu bemühen, sondern den Fokus der Marke auf ein erfülltes Leben und die Verfolgung der eigenen Leidenschaften bei den Konsumenten zu legen. »Das wollte ich schon immer mal machen«, sagen da Leute, die ihren anrufenden Boss samt Smartphone in den See werfen, einen unbeaufsichtigten Lkw entern und sich stolz ans Steuer setzen, oder bei einer stinklangweiligen Vernissage anfangen, das Vinyl zu scratchen. Nicht unbedingt schlecht. Und zeitgemäß. Sicher.

Aber: warum? Das wird wahrscheinlich genauso ein Geheimnis bleiben wie der Grund dafür, dass Jack Daniel's nie mit Lemmy zusammengearbeitet hat, sondern nur mit Frank Sinatra, Kid Rock (!), Eric Church und der Zac Brown Band.

DENIM, MIT UND OHNE LEATHER

Wenn man Heritage hat und dieser überdrüssig wird, transportiert man die Werte in die Neuzeit und schaut dort nach

Kongruenzen, anstatt alles über Bord zu kippen. So wie es damals Wrangler in einem von Götzens All-Time-Lieblings-Bewegtformaten getan hat. Im 60-Sekunden-Roadmovie-Meisterwerk zeigt das Bewegtbildgenie Jonathan Glazier, wie man das Gefühl der Gründerväter (und Cowboys) – Freiheit – in die Neuzeit transportieren kann. Mit der Botschaft »Whatever You Ride« zeigt das Teil genial beobachtete Momente der Rundreise eines modernen Cowboys durch »God's Country«, sodass nicht nur Einheimische, sondern vor allem Leute, die nicht in den USA leben, von der großen Abenteuersehnsucht gepackt werden. Auch wenn das Ding schon ein paar Jährchen auf dem Buckel hat, wäre die Machart immer noch spielbar.

Da wir bei Kongruenzen sind: Jack Daniel's ist Partner einer anderen Traditionsmarke, des 1. FC St. Pauli, der genauso untrennbar mit seinem Stadtteil und den Bewohnern verbunden ist wie die Menschen aus Lynchburg. Was beide eint, ist das Wissen darüber, wer man ist und wo man herkommt. Sich für niemanden verbiegen zu wollen und für die eigenen Ideale gerade zu machen.

Interessanterweise ist auch eine andere Heritage-Marke Partner des 1. FC St. Pauli: Levi's, der Inbegriff des klassisch amerikanischen Styles, Verkörperung von Rebellion und authentischer Coolness. Von einem Deutschen in Amerika erfunden, wurde Levi's von amerikanische Soldaten nach dem Zweiten Weltkrieg nach Europa gebracht. In den Sechzigerjahren hatte Levi's die Coolness als Kultur gegen die Autorität weltweit mitdefiniert. Aber als die Siebziger- in die Achtzigerjahre übergingen, war die Uniform der Jugend zu einem Abzeichen des mittleren Alters geworden.

Auftritt: BBH London.[155] Unvergessen ist deren Kampagne aus den Achtzigern, die Originalmusik als Untermalung von TV-Spots wieder attraktiv machte (nicht ganz unschuldig waren auch ein neu gestarteter Musiksender aus den USA und der Siegeszug der visuellen Verpackung von Songs) – und den Umsatz der Jeansmarke um 800 Prozent steigerte. Nicht nur für die noch recht junge Agentur war dies der Start in neue Höhen, die Songs lösten auch ein Soul-Revival mitten in den von Synthie-Pop-Klängen geprägten Achtzigerjahren aus.[156]

Alle Spots hatten extrem coole Geschichten, die sich konsequent um die Produktmerkmale der legendären Hose drehten. Die Levi's im Kühlschrank, der Typ, der seine einzige 501 zusammen mit Steinen im Waschsalon wäscht (und deshalb »leider« strippen muss), ein Protagonist, der in einer amerikanischen Vorstadtsiedlung von Pool zu Pool springt (»Je öfter man sie wäscht, desto besser werden sie.«) und der Bauernjunge, der 1930 eine Dose Kondome von einem Drogisten kauft und sie in die Uhrentasche seiner Jeans steckt. Als er seine Verabredung abholt, entpuppt sich ihr Vater als besagter Drogist. Endzeile: »Uhrentasche, erfunden 1873. Seitdem missbraucht.«

Ob Flat Eric oder mal wieder Jonathan Glazier mit dem berühmten »Durch-Mauern-Rennen«-Spot: Levi's verkauft seine alte Haut immer am Puls der Zeit oder kurz davor und spielt seine Positionierung als kulturelle Ikone selbstbewusst aus. Oder wie es in einem »Live in Levi's«-Spot von 2014 heißt: »Wear them, dare them, love them, wash them, don't wash them, rock them, roll them, unbotton them, work them, abuse them, just don't bore them.«

Heritage ist zwar alt, kann aber durchaus breitbeinig über alle Mitbewerber in Richtung Zukunft zeigen. Um es mit Bruce Dickinson zu sagen: »Der einzige Unterschied zwischen uns und anderen Iron-Maiden-Coverbands ist, dass wir neue Iron-Maiden-Alben aufnehmen. Lustigerweise ist das zwar ein Witz, aber auch ein guter Punkt.« Und wer weiß, vielleicht gibt es ja irgendwann mal Iron-Maiden-Scheiben bei Manufactum zu kaufen?

Als Grüße aus der guten, alten Zeit. Bis dahin!

BLICK IN DIE FORSCHUNG

In der Marketingforschung wird seit rund zwanzig Jahren untersucht, was das Besondere an sogenannten »Heritage Brands« ist, also Organisationen beziehungsweise Marken, die aufgrund ihrer besonderen Historie und Langlebigkeit ein Erbe zu verwalten haben und dieses treuhänderisch in die nächste Generation übertragen möchten. Die Forscher Urde et al. (2007) sehen dabei folgende Merkmale als konstituierend an:

- *Track Record*: Das Unternehmen hat nachweislich über einen langen Zeitraum hinweg Werte für Kunden und andere Interessengruppen geschaffen.
- *Langlebigkeit*: Das Unternehmen ist bereits seit mehreren Generationen am Markt oder hat erfolgreich über verschiedene »Inkarnationen« hinweg existiert.[157]
- *Grundwerte*: Die Organisation operiert auf Basis seit Langem bestehender artikulierter Grundwerte, die das unternehmerische Verhalten und seine Entscheidungen bestimmen.
- *Historische Identität*: Die eigene Historie ist ein integraler Bestandteil der Identität des Unternehmens. Sie bildet ein sichtbares Bindeglied zwischen der Vergangenheit, der Gegenwart und der Zukunft der Organisation.
- *Symbolik*: Das Unternehmen betont die zuvor genannte historische Identität in der internen und externen Kommunikation durch die Verwendung von wiederkehrenden Symbolen.

An diesem Punkt ist es wichtig, eine Heritage Brand nicht einfach mit Retro-Marketing gleichzusetzen. Eine echte Heritage Brand hat durch ihre gelebte Geschichte und die damit verbundene Tradition einen nicht kopierbaren Wettbewerbsvorteil. Hakala et al (2011, S. 448, Übersetzung durch uns) schreiben dazu:

Während das Markenerbe tief in der Unternehmens- oder Produktgeschichte verwurzelt ist und nicht kopiert werden kann, ist »Retro« eine Marketing- und Werbetaktik, die jedes Unternehmen anwenden kann: die Wiederbelebung alter Produkte oder Markenslogans, die Einbindung von Bildern aus vergangenen Zeiten, die Auffrischung […] alter kultureller Darstellungen […].

Eine entscheidende Qualität einer Heritage Brand ist das, was Balmer (2011) als *relative Invarianz* bezeichnet. Durch den großen und jederzeit sichtbaren Bezug zur eigenen Geschichte können sich solche Marken nicht beliebig weiterentwickeln oder gar neu erfinden. Jedes neue Produkt, aber auch die begleitende Kommunikation, muss pedantisch durchdacht und behutsam entwickelt werden.[158] Gleichzeitig ist klar, dass ein Unternehmen nicht dauerhaft die Hände in den Schoß legen kann, weil irgendwann unweigerlich die Relevanz verloren geht.

Relative Invarianz bedeutet hier, dass einige historische Kernmerkmale der Marke immer präsent sein müssen, aber durchaus mit Bedacht an neue Gegebenheiten angepasst werden können. Bei Iron Maiden sieht man das – neben der Musik selbst – am besten am Beispiel von Monster Eddie. Dieser wird immer wieder in neuen Farben und Formen gestaltet, er wandelt sich und bleibt dabei doch er selbst. Und während Eddie sich immer wieder neu inkarniert, würde ein Album ohne das Maskottchen auf dem Cover einen Sturm der Entrüstung seitens der Fans nach sich ziehen. Auch in die digitale Welt der Computerspiele entführen uns Iron Maiden nur derart, dass Eddie uns als furchtloser Reisebegleiter an die Seite gestellt wird. Oder wir dürfen gleich selbst in seine leicht angeschimmelte Person hineinschlüpfen. Aber ohne ihn: Das geht gar nicht.

Ein solches Erbe verwalten zu dürfen, ist ein wunderbares, weil schwer kopierbares Asset. Und gleichzeitig ist es auch eine Bürde, die mit einer gewissen Demut angenommen werden will.

ZUSAMMENFASSUNG UND TIPPS

* Iron Maiden sind die Beständigkeit in Gestalt einer Heavy-Metal-Band. Das gilt nicht so sehr für die Besetzung, die durchaus immer wieder Veränderungen erfahren hat. Die Beständigkeit bezieht sich auf das große Ganze: die Musik, das Image, die Symbolik.
* Während manche Marken mit Innovationen glänzen und sich regelmäßig neu erfinden, haben sich Iron Maiden seit ihren Anfangstagen in den späten 1970ern inhaltlich-musikalisch und in puncto Image kaum verändert.
* Die Band bedient sich der immergleichen musikalischen Strukturen und inhaltlichen Themen, vor allem historischer Stoffe. Zudem ist die Bildsprache sehr konstant. Sie wird definiert durch das prägnante Logo in Kombination mit dem wandelbaren, aber doch immer wiederzuerkennenden Bandmaskottchen Eddie, das praktisch alle Veröffentlichungen und Merchandising-Artikel ziert.
* Damit ist Iron Maiden ein erstklassiges Beispiel für eine sogenannte Heritage Brand: eine Marke, die ein historisches Erbe im Kern ihrer Identität trägt und dieses konstant über alle Kommunikationsakte ausspielt.
* Ein wichtiges Prinzip von Heritage Brands ist die sogenannte relative Invarianz. Dabei bleiben einige Kernmerkmale einer Marke absolut unberührt, während periphere Aspekte sich durchaus ändern dürfen, aber nur behutsam. Es darf niemals der Eindruck entstehen, die Marke würde mit ihrer eigenen Tradition brechen.
* Naturgemäß sind die Voraussetzungen für eine Heritage Brand hoch. Eine solche Positionierung lässt sich nur schwer kopieren. Marken können auf Nostalgie setzen oder sich ein Retro-Image verpassen, doch echte, gelebte Geschichte ist nicht kopierbar.

- Wenn ein Unternehmen oder ein Produkt schon lange erfolgreich am Markt ist, besteht jedoch eine reelle Chance, sich mit der Zeit zu einer Heritage Brand zu entwickeln. An diesem Punkt ist entscheidend, sich auf ein grundsätzliches Spielfeld bei den Produkten und eine begrenzte Zahl von Symbolen festzulegen, die jetzt und in Zukunft das Image der Marke prägen sollen.
- Viele Marken versuchen in Ansätzen, diese Dynamik anzuzapfen (z. B. Labels, die ihr Gründungsjahr im Logo tragen), vergessen dabei aber immer wieder, die Kontinuität zwischen ihrem Gestern, dem Heute und der Zukunft herzustellen. Schlicht zu sagen, dass man schon seit hundert Jahren im Rennen ist, reicht nicht aus, um die potenziellen Früchte einer solchen Positionierung zu ernten.
- Markenverantwortliche von Heritage Brands sollten wahre Konsistenzfanatiker sein. Der Filter muss so eingestellt sein, dass neue Ideen im Zweifel abgelehnt werden, wenn sie nicht hundertdreißigprozentig zur (historischen) Positionierung passen. Veränderungen dürfen nur äußerst behutsam eingebracht werden. Alles so wie immer machen, ist hier der Freund, nicht der Feind.
- Trotzdem dürfen sich auch Heritage Brands nicht dem Fortschritt verschließen. Ansonsten laufen sie Gefahr, mit ihren älter werdenden Markenfans auszusterben.
- Solche Marken dürfen sich beispielweise durchaus in den sozialen Medien präsentieren oder auf neue Technologien setzen, wenn dies ohne Bruch in der Markenkontinuität ermöglicht werden kann. Heritage Brands müssen sich durchaus technisch weiterentwickeln. Sie dürfen mit der Zeit gehen, aber niemals mit dem Zeitgeist.

WERBEUNTERBRECHUNG

EIN INTERMEZZO! IST (K)EIN PIZZABROT AUS BIELEFELD.

Wir wissen durchaus, dass wir nicht mit allen in diesem Buch versammelten Fallbeispielen am aktuellen hyperventilierenden Puls der digitalen Kommunikation sind. Das ist uns aber aus zwei Gründen egal. Erstens lernt man trotzdem etwas – und zwar recht anschaulich, gerade weil Heavy Metal in vielen Bereichen zwar gerne mal holzschnittartig ist, aber in puncto Konsistenz jene Basics vermitteln kann, die mehr und mehr verloren gehen, wenn man sich mal im deutschen Kommunikations- und Marketingdickicht so umschaut.

Zweitens wird Heavy Metal im oft stumpf stereotyp und extrem einseitig dargestellt. Stromgitarrenmusik ist hier meist nur pseudokomische Krachverballhornung, die dann irgendwie als Death oder Black Metal verortet werden soll. Oder als Soundtrack für Army, Navy, Air Force und Konsorten. Anscheinend killt es sich mit Elektrogitarren besser? Wer wirft also den ersten Stein?

DER BOCK UND DER GÄRTNER

Wenn Metal zum Thema in der Werbung wird, dann in der Regel, um sich darüber lustig machen zu können. Mit diesem Klischee stehen wir nicht alleine da, sondern haben in Gestalt von dummen Blondchen, Gothic-Teeniemädchen, Handwerkern mit grundsätzlich tiefer gelegten Hosenbünden und Männern in Frauenklamotten (nur mit Vollbart bitte) böse Gesellschaft. Sofern es sich um echte Metalfans handeln sollte, die dargestellt werden – und nicht einfach nur Biker mit Tattoos. Was ein feiner, aber nicht feinsemantischer Unterschied ist.

Die Kutten kommen frisch aus dem Zalando-Karton oder wurden schnell von der Stylistin aus einer Langarmlederjacke gezimmert. Und alle haben Perücken auf, weil: Ohne lange Haare funktioniert es ja nicht. Zur Sicherheit noch Panda-Make-up drauf, dann kann's losgehen.

* In einem Spot für Volkswagen bangen sich z. B. Fahrer und Beifahrer die Perückenköpfe aneinander. Aber kein Problem: Zu den metallisch unoriginellen Klängen einer lizenzfreien Musik bleibt das Auto von alleine stehen. Und um die Kleinbürgerseele zu befriedigen, schalten die zwei dann endlich auf einen Popsong um. Haben wir doch immer gewusst. Sind gar nicht so hart, hihihi.
* Oder auch der Spot, bei dem man vorsorglich die YouTube-Kommentare deaktiviert hat, weil er einfach nur cringe ist: »DB Cargo x Rock am Ring«. Allein schon der Untertitel des Machwerks »Müssen wir laut werden?« müsste Misstrauen sähen. Die Idee geht so: Ein (hoffentlich) absichtlich nüchtern formulierter PR-Text wird von einer »Death-Metal-Band« gegrowlt. Die Musik hat immerhin jemand gemacht, der sich zumindest auskennt, und die Grundidee ist eigentlich auch lustig. Aber mal abgesehen davon, dass das Verhältnis von Black- oder Death-Metal-Bands zum Rest eines Rock-am-Ring-Billings bei eins zu zweihundert liegt und man somit glasklar an allen Zielgruppen vorbeishreddert, fragt man sich, welche Verbindung es zwischen Güterverkehr und Finstermucke eigentlich geben soll?

Aus Auftraggebersicht ist das klar: Wir beliefern Festivals mit allerlei Dingen, die verschickt werden müssen. Dass der Vorstand das abnickt, ist ja logisch. Aber warum soll das der Fan auch gut finden? Im Text steht dazu nichts, die Abschlussbotschaft »Güter gehören auf die Schiene« erklärt es auch nicht. Es sei denn, sie richtet sich an die Unternehmer unter den Rock-am-Ring-Besuchern, die Death-Metal-Fans sind.[159] Dieser einen Person könnte man auch gleich die 25.000 Euro, die der Clip schätzungsweise gekostet hat, in die Hand drücken und sie bitten, doch bitte zukünftig alles mit DB Cargo zu verschicken. Danke.

Anscheinend braucht ein Kreativengehirn nur den Begriff »Heavy Metal« als Briefing und schon schaltet es um auf dieses »Die dreisten Drei«-Niveau. Oder wie es der zuständige Chefkreative der Presse in die Feder diktierte: »Wir können die Videos in Zukunft wirklich mit jeder Message untertiteln, die wir spielen wollen. Versteht ja sowieso keiner.« Das zum Thema: Zielgruppe ernst nehmen.[160] Die sehr wohl über sich selbst lachen kann, nur eben nicht nach dem vierhundertsten Gag auf *Klimbim*-Niveau.

METAL IN DER WERBUNG, IM ERNST

Wie es besser geht, sehen wir, wenn wir einen Blick über den Zaun zu unseren globalen Nachbarn werfen. Dort findet man wirklich gute Spots mit und über Heavy Metal.

* Beispielsweise ein Klassiker aus dem Jahr 2010 »Chicken vs. Dokken«, in der die Band Dokken ein Computervirus spielt, das die Festplatte (ein Hühnchen) mit einem Stoß aus der Hüfte explodieren lässt. »Dokken does not like chicken. Protect your chicken from Dokken. Norton Security.« Cool, selbstironisch und vom Skript her schauspielerisch nicht überfordernd. Großartig.
* Oder der Spot für das Apple iPhone XS »Don't Mess with Mother« für die »Shot on iPhone«-Kampagne von 2019, der mit wunderschön gefilmten Tierszenen glänzt und mit »Last Rites« von Megadeth unterlegt wurde. Als ernst genommener Song, der einfach passt. Wie Arsch auf Eimer. Eine schöne Arbeit. Nicht nur, was den Schnitt angeht.
* Dann gibt es den kanadischen KFC-Spot, bei dem die Black-Metal-Band Hellvetica (vor 14 Jahren als Joke noch OK) eine

ordentliche Show hinlegt, an deren Ende der Sänger Feuer spuckt und anschließend schluckt. Cool. Schnitt. Er sitzt in seiner Umkleide und beißt in seinen Feierabendburger von KFC: »Hoh, man. That is hot«, haucht er erstaunt aus. »The new Chicken Crunch with more heat than you can handle.«

✱ Richtig herzhaft lachen lässt es sich auch über den Blick hinter das Image. So wie in einem »LipSnot« benannten Spot von FedEx. Ein Manager schreit seine sehr verdächtig nach Slipknot aussehende Band an, dass sie ihr Hardcore-Image ruiniert hätten, weil ein TV-Team sie dabei gefilmt hat, wie sie ihre Golfschläger durch den Flughafen schleppen. Lösung des Problems: Zukünftig werden die Imagekiller per FedEx verschickt.[161]

✱ Und dann ist da der Kronenbourg-Spot mit Motörhead, für den die Band 2010 in einem französischen Café eine seeee-ehr langsame Bluesversion von Ace Of Spades zum Besten gibt, damit am Schluss mit der Tagline abgebunden werden kann: »Slow the pace«.[162] Disclaimer: Wer den Spot nicht kennt, legt bitte das Buch sofort wieder weg.[163]

Richtig gut sind natürlich die Skandinavier, die den Black Metal zwar auch ins Klischee drängen, aber wenigstens ist das herkunftsgeschichtlich irgendwie glaubwürdig. Da singt zum Beispiel ein Black-Metal-Panda-Shouter nach Einnahme eines Hustenbonbons wegen Stimmproblemen mit Falsettostimme weiter. Und das war's dann leider mit dem Videoshoot. Man hätte noch einen King-Diamond-Witz einbringen können, aber Sie können das ja bei Ihren nächsten Kampagnen besser machen.

Wir treten also in unserem Buch nicht nur dafür an, diesen Dialog einseitig zu verbessern, indem wir unsere geliebte Mucke und Szene dafür nutzen, um Marken, Marketing und Werbung besser zu machen.[164] Wir möchten Ihnen auch dabei zu helfen, sich und Ihre Marke sauber zu positionieren. Wenn Sie das geschafft haben, dürfen Sie hinterher auch gerne wieder Hip-Hop hören. :-)

Kapitel Sechs

BRILLIEREN

WENN DU EINFACH DER ALLERGEILSTE BIST

Find all you need in your mind
If you take the time
(TAKE THE TIME | IMAGES AND WORDS, 1992)

Streeeeeber! Das hätte man den Mitgliedern der Band Dream Theater vermutlich hinterhergerufen, wäre man mit ihnen zur Schule gegangen. Damit wir uns nicht falsch verstehen, es geht hier nicht um diese schleimerisch veranlagten Wichtel, die dem Lehrer auch noch die Tasche hinterhertragen, um die Noten aufzubessern. Wir sprechen vom strebenden Individuum sui generis. Jemand, der einfach verdammt gerne verdammt viel lernt und darüber die meisten Partys sausen lässt, weil die Schmach, auch mal nur eine Eins minus in Mathe zu bekommen, zu heftig am sensiblen Gemüt nagen würde. Jemand, den man zwar nicht sofort als Kumpel ins Herz schließt, auf den man aber, Hand aufs Herz, auch ein bisschen neidisch ist, weil er einfach ein paar Pferdestärken mehr im Oberstübchen hat.

In der Welt des Big Business wären Dream Theater vermutlich McKinsey-Berater. Nicht zwingend instantane Sympathieträger, aber im Mittel unbestreitbar ein bisschen schlauer und besser ausgebildet als der ganze Rest. Ein Tummelplatz für den Typus des »Insecure Overachiever«: Tief im Herzen eine zarte Seele, aber das soll ob der fachlichen Brillanz natürlich keiner merken. Bevor wir uns allerdings vollends in schräger Metaphorik verlieren, folgen hier zunächst ein paar Fakten.

AUS DER MITTELKLASSE IN DIE OBERKLASSE

Die Band wurde im Jahr 1985 unter dem Namen Majesty von John Petrucci (Gitarre), John Myung (Bass) und Mike Portnoy (Drums) gegründet. Die Umbenennung in Dream Theater erfolgte erst kurz vor der Veröffentlichung des ersten Albums. Die Musiker ließen sich am Berklee College, einer prestigeträchtigen Hochschule in Boston, ausbilden. Die Jungs schmissen jedoch ihr Musikstudium, um sich vollends auf den Erfolg der noch jungen Band konzentrieren zu können. Komplettiert wurde das erste Lineup durch den Keyboarder Kevin Moore, einen Jugendfreund von John Petrucci, der damals ebenfalls an einer Musikhochschule in New York eingeschrieben war.

Man probierte auf verschiedenen Demos und dem ersten Album *When Dream and Day Unite* von 1989 diverse Sänger aus, bis man sich ab dem zweiten Album *Images and Words*, das ihnen 1992 den internationalen Durchbruch brachte, mit dem charismatischen Goldkehlchen James LaBrie aus Kanada zusammentat. Petrucci, Myung und LaBrie bilden seitdem den Nukleus von Dream Theater, während es am Keyboard und am Schlagzeug diverse Wechsel gab, auf die wir aus Platzgründen nicht näher eingehen wollen.

Im Unterschied zu vielen anderen in diesem Buch vorgestellten Musikern, stammen die Mitglieder von Dream Theater verallgemeinert aus klassischen, mehr oder weniger intakten Mittelstandsfamilien, welche die musikalischen Bestrebungen ihres Nachwuchses bereits in der Kindheit förderten. Zudem waren sie alle, spätestens ab dem Jugendalter, versessen aufs Perfektionieren ihrer musikalischen Fähigkeiten. Petrucci und Kollegen übten jeden Tag unzählige Stunden auf ihren jeweiligen Instrumenten. Eine Angewohnheit, die sie auch in ihrer Zeit in Berklee beibehielten, wo sie morgens immer früh aufstanden, um sich tagtäglich einen der rar gesäten Übungsräume von 18 bis 24 Uhr zu reservieren. Diese Musiker wollten es wirklich, wirklich wissen. Kein Herumdilettieren wie in den Anfangstagen vieler Bands, sondern voller Fokus auf musikalische und kompositorische Brillanz. Ein Leben in und für die Musik.

ALLES AUSSER 4/4-TAKT

Obwohl sie sich auch für Bands wie Metallica und Iron Maiden begeistern konnten, einte die Mannen von Dream Theater in erster Linie eine große Liebe für progressive Rockbands der Siebzigerjahre: frühe Genesis, Rush, Yes, Gentle Giant oder King Crimson. Was all diese und weitere Bands eint, ist die kompositorische Komplexität und hohe Kunstfertigkeit der beteiligten Musiker. Im Vergleich zu »normaler« Rockmusik zeichnete sich der Progrock durch überlange Songs mit ausgedehnten Instrumentalpassagen, ungewöhnliche rhythmische Strukturen und deutlich hörbare Einflüsse aus Jazz, Klassik und World Music aus.

Dream Theater traten damals an, diese beiden Welten zu vereinen: die kraftvolle Aggressivität des klassischen Metal und die filigrane, manchmal etwas verschroben wirkende Musikalität des Progrock.[165] Somit gilt die Combo als Mitbegründer und eines der wichtigsten Aushängeschilder eines Subgenres der schwermetallischen Musik, das heute als Progressive Metal bekannt ist.[166] Aufgrund der zuvor beschriebenen Eigenschaften ist die Musik deutlicher sperriger und auf den ersten Blick weniger zugänglich als viele andere Spielarten der schwermetallischen Musik.

Ungeachtet dessen haben Dream Theater bis heute über zwölf Millionen Platten verkauft. Sie liegen damit weit hinter Megasellern wie Metallica oder Iron Maiden, gehören jedoch seit über 30 Jahren zu den einflussreichsten Metalbands auf dem Planeten.

Eine glückliche Fügung dürfte gewesen sein, dass der Song »Pull Me Under« vom zweiten Album, obwohl aufgrund seiner Komplexität nicht eben radiotauglich, in einer gekürzten Version mit einem ziemlich obskuren Video eine Menge Airplay auf MTV bekam.[167] Das Lied machte die Band weltweit bekannt und bescherte ihr die Liebe von Fans, die ansonsten nicht zwingend dem Prog Metal zugeneigt waren.

EINE ANDERE LIGA

Wenn wir an Dream Theater und ihre Positionierung innerhalb des Metalzirkus denken, dann fällt uns schnell der Audi-Slogan »Vorsprung durch Technik« ein. Manche Marken catchen uns in erster Linie emotional, andere umschmeicheln unsere tiefsten Bedürfnisse oder geben uns ein wohliges Gefühl der Vertrautheit. Einige Marken hingegen pochen darauf, technisch versierter, fortschrittlicher oder revolutionärer zu sein als der Wettbewerb. Dream Theater sagen mit jedem ihrer mittlerweile 15 Studioalben, unzähligen offiziellen Live-Aufnahmen und noch viel mehr Bootlegs (ohne es direkt zu sagen): »Sorry, Leute, aber wir spielen einfach in einer anderen Liga als ihr.« Dream Theater komponieren und spielen Musik, von der viele andere Bands wünschten, sie wären dazu in der Lage.

Es geht an dieser Stelle nicht um schlichtes Marketing-Chichi (wenn beispielsweise in der Werbung von L'Oréal irgendwelche »innovativen« Fantasiemoleküle in die eben noch wellige, alsbald aber wieder babypopoglatte Haut eindringen), sondern um ganz realen, tangiblen Vorsprung im Wettbewerb. Pepsi kann zwar behaupten, schmackhafter als Coke zu sein, doch am Ende des Tages ist beides Wasser mit ein wenig Farbstoff und verdammt viel Zucker. Sprich: Blubberbrause. Der Unterschied in den Köpfen und Herzen der Konsumenten entsteht erst auf der Ebene der *Kommunikation über* das Produkt. Dream Theater schauen hingegen auf das Gros ihrer Mitbewerber, schmunzeln ein wenig in sich hinein und denken: »Tja, Jungs. Hättet ihr in eurer Jugend mal etwas weniger gesoffen und mehr geübt ...«

Mike Portnoy, Drummer der Gründungsformation, schildert seine Eindrücke von der Musikhochschule Berklee in einem Interview für die Bandbiografie *Lifting Shadows* und bringt damit seinen Hang zu technischer Brillanz und musikalischer Perfektion zum Ausdruck:[168]

> **Der Ort war mit großartigen Musikern gefüllt. Wenn man durch die Flure ging, spielte jeder Gitarre oder Schlagzeug, und jeder war besser als der andere. Das motiviert wirklich und treibt einen an, der Beste zu werden, der man sein kann.**

Ähnlich wie in der Industrie wird übrigens auch in der schwermetallischen Musik bisweilen deutlich, dass technische Brillanz ein Wettbewerbsvorteil ist, der im Zweifel auch geschützt werden muss. Wir denken an den 2020 verstorbenen Eddie Van Halen, der Ende der Siebziger- und Anfang der Achtzigerjahre auf seiner Stromgitarre wichtige Innovationen in der harten Rockmusik etablierte. Vor allem: ausgefeilte Tapping-Techniken. In der Phase, als seine Band Van Halen noch keinen Plattenvertrag hatte, spielte der Gitarrist seine innovativsten Solopassagen bisweilen mit dem Rücken zum Publikum. Er wollte gehört werden, versuchte aber zu vermeiden, dass seine »Produktionstechnik« zu schnell kopiert wurde.

STATUSSPIELE

Die Nummer mit der technischen Brillanz hat auch eine psychologische Komponente. Sich durch das Tragen eines T Shirts oder den Konzertbesuch als Fan von Dream Theater zu outen, ist (bewusst oder unbewusst) in aller Regel mehr als nur die Liebesbekundung zu einer Band. Es geht im Sinne des Psychologen Friedemann Schulz von Thun auch um den Aspekt der Selbstoffenbarung, um die Demonstration von Status. Wer Dream Theater (ernsthaft) hört, darf sich zu einem erlauchten Kreis von Menschen zählen. Durch die Blume sagt man: »Schau mich an – ich bin schlau und musikalisch versiert genug, um zu verstehen, was hier gespielt wird.«

Das bringt uns zurück zum Ausgangspunkt dieses Kapitels: zu den Strebern. Dream Theater sind eine Elite-Band und so eine Elite-Band hat eben auch Elite-Fans.[169] Connaisseure, die sich nicht von einem 7/8-Takt aus der Ruhe bringen lassen, denen ein wohliger Schauer über den Rücken läuft, wenn eine Komposition schon mal länger als 20 Minuten läuft, und die in Verzückung geraten, wenn die Finger der Musiker so schnell über Tasten und Griffbretter fegen, dass die Bewegungen vor dem Auge des Betrachters verschwimmen und in einen tranceartigen Zustand einladen. Am Ende muss auch die Technik Emotionen ankitzeln. Ganz ohne Gefühl verkaufen sich nicht mal Hohlraumdübel.

Dream Theater spielen Thinking Man's Metal. Sie besitzen weder die Coolness der Achtzigerjahre-Metallica noch den rohen Magnetismus der jungen Mötley Crüe, und auch nicht die grundsympathische Anziehungskraft von Motörhead oder Iron Maiden. Stattdessen versprechen Dream Theater ihren Fans Prestige und musikalische Autorität. Das macht (uns) nicht immer Spaß, aber unser Geschmack ist auch nicht das Maß aller Dinge. Wir sind einfach gestrickt und fühlen uns da wohler, wo laut und geradeheraus gerockt wird. Aber wir erkennen neidlos an, dass die Jungs von einem anderen Stern sind.

UND JETZT: WERBUNG

Gene Simmons hat einmal, vor allem zur Selbstverteidigung wegen fehlenden Talents,[170] gesagt: Einem »Guitar Shredder« beim Solo zuzuhören ist ungefähr so spannend wie einer Sekretärin beim schnellen Schreiben auf einer Schreibmaschine.[171] Die Reaktion könne nur sein: »Hmm. That's a lot of notes.« Damit möchte er stark verkürzt (und wie immer bei Herrn Simmons gut getextet) auf die Abwesenheit von Emotionen bei technischen Meisterleistungen hinweisen. Natürlich sind wir seit der industriellen Revolution und ihren damit einhergehenden Möglichkeiten fasziniert von Technik. Aber immer nur kurz, denn dann stellt sich eben jener »Meh«-Effekt ein, den die berühmteste Zunge der Welt da beschreibt. Zugegeben: etwas binär. Aber im Grunde richtig.

Denn in der Tat haben alle Marken, die für einen hohen technischen beziehungsweise einzigartigen Standard stehen, den Makel des Klassenstrebers. Im äußersten Falle nötigt der uns Respekt ab, aber niemals tief empfundene Solidarität. Auch in der Musik gilt diese nicht ganz vorteilhafte Faustregel. Und dennoch zieht es Musiker seit Mitte der Sechzigerjahre immer wieder ins Komplizierte, ins Intellektuelle, ins Protzige. Sei es durch minutenlange Jamsessions, mathematisch ausgeklügelte Klangkonzepte oder technisch unvorstellbar schwer zu spielende Disharmonie-Ekstasen.[172]

STANDESDÜNKEL

Was früher als Soundtrack für ansehnliche Drogentrips taugte, wird nicht nur im Free beziehungsweise Fusion Jazz an die Grenzen des für den Mainstream Hörbaren gebracht, sondern auch im Metal. Der Preis für diese intellektuell hochstapelnde Musik sind keine ausverkauften Stadien oder Großhallen. Sondern ein eingefleischtes Publikum, das sich gemeinsam mit seinen

Göttern in ähnliche Regelwerke und akustische Tempel zwängt, wie manche Klassik- beziehungsweise Opernfanatiker. Das Alleinstellungsmerkmal ist bei all diesen Zielgruppen dasselbe – wir haben das kapiert und ihr nicht. Wir verteidigen den Bildungsbürgerkanon bis zur letzten Note.

Bei Marken ist es ähnlich verschworen: Wir sind technisch weit vorne und dieses Eliteversprechen färbt mit unserer Marke auf euch ab. Damit habt ihr die Nase immer vorn, sollten andere technisch versierte Menschen einmal selbst gebaute Ultra-PCs oder auch Spülmaschinen vergleichen wollen. Das befriedigt zwar auch, schließt aber die große Masse aus (und zwar nicht nur aus finanziellen Gründen).

Uhren können feinmechanische Technikmeisterwerke sein, aber erst die Aufwertung zum Statussymbol verleiht ihnen die nötigen Emotionen. Ein technisch spektakulär ausgestattetes Auto wird ohne gefallendes Design zu einer wirtschaftlichen Bruchlandung und hat nur noch die Chance, durch Umbau zu einer Zeitmaschine in die Herzen von Filmfans weltweit geschlossen zu werden. Von so viel Sympathie können Computerchips nur träumen, denn obwohl sie technische Revolutionen im Molekülbereich darstellen, werden die vielen Gigaflops sorglos zum Anschauen von TikTok-Videos vergeudet. Schauen wir uns einmal ein paar Marken genauer an, die den Ruf haben, technisch weit vorne mitzuspielen – unter kommunikativen Gesichtspunkten.

DER HEISSE SCHEISS IN DER KÜCHE

Werbung für Miele ist leider nicht wie ihr Markenversprechen »Qualität, die ihrer Zeit voraus ist«, sondern in ihrer Bildsprache parteiisch: Makroaufnahmen in Zeitlupe von wunderbaren Geräteinnenräumen. Technisch sauber, staubfrei und glossy. Macht Sinn, denn für den Premiumpreis muss es auch premium aussehen. Qualität muss man sich leisten können. Da war er wieder, der Elitegedanke. Man gehört dann jener exklusiven Gruppe an, die nicht alle sechs Jahre eine neue Spülmaschine kaufen muss und sich zumindest von den Verschwörungstheorien des eingebauten Fehlers E25 – der alle anderen Maschinen aller anderen Hersteller der weißen Ware nach sechs Jahren (wahlweise auch nach Ablauf der Garantie) niederringt – zurückgelehnt fernhalten kann.

Menschen fungieren in Mieles Kommunikation grundsätzlich als stilisierte Staffage, wir betrachten die Welt aus den Augen der Produkte. Dazu der Claim: »Miele. Immer besser«. Die Priorität ist klar. Erst mal wir, dann ihr. All die Jahre an Forschung/Übung müssen sich ja gelohnt haben. Bei Dream Theater jedoch immer noch mit einem Hauch Zirkus: Hier bezahlt man dafür, globale Könner aufspielen zu sehen. Wir zweifeln mal an, dass es Leute gibt, die Dunstabzugshauben-Ingenieuren bei ihrer weltweiten CAD-Einzigartigkeit zuschauen.

MERKWÜRDIG WENIG MERKWÜRDIG

Demo. Demo. Demo. Nein, nicht wie bei unseren geliebten Bands kurz vor dem Plattenvertrag, sondern eine exakte Vorführung dessen, was das Produkt wie gut kann. Wie früher die Marktschreier mit den Schraubenziehern, die mehrere Aufsätze hinten im Griff hatten. Oder Gurkenhobel. Oder Brotbackmaschinen. Oder Ultra-NASA-Carbonit-Politur. Genau wie beim Homeshopping im TV: informativ, aber strunzlangweilig.[173] Und für unser Gehirn nicht merkwürdig genug. Denn nur, was merkwürdig ist, ist merkfähig.

Deshalb tut es jeder technologischen Marke gut, nicht nur die »Reason Why«, sondern auch das »What's in it for me?« in den Vordergrund zu stellen. Natürlich freuen wir uns mit den stolzen Ingenieuren mit, aber könnte man nicht eine (Insta-)Story daraus stricken? Dass man fünf Minuten früher mit dem Staubsaugen fertig wird, um diese in etwas Wichtigeres zu investieren? Oder dass einem der Putzmensch nicht vom Nachbarn abgeworben wird, weil er mit unserem Staubsauger gerner arbeitet? Okay, wir hören schon auf.

Während ein Dyson immer aussieht wie der Entwurf eines Industriedesigners auf Ecstasyentzug, versuchen die Cover von Dream Theater zumindest mit ein bisschen Photoshop-VHS-Ebenengeballer und einem Schuss Kunstkalender-Surrealismus harmonische Brücken zu unseren Synapsen zu schlagen. Zwar immer hart am Rande von (Wallpaper-)Kitsch, aber zielgruppengenau.[174]

TECHNIK, DIE BEGEISTERT[175]

Von allen Technikmarken trägt Audi die innovative Markenabsicht am deutlichsten bereits im Claim. Nicht erst seit der Erfindung des Allradantriebs für Straßen-Pkw (quattro) und kompletten Karosserien aus Aluminium (schon seit den ersten Rennen der Vorgängerfirma Auto Union, aber erstmals 1993 im A8 als selbsttragende Karosserie) claimen die Vier Ringe nicht »Das Auto«, »Das Beste oder Nichts« und auch nicht »Freude am Fahren«, sondern schlicht und breitbeinig »Vorsprung durch Technik«.

Damit ist sowohl ein Versprechen als auch eine zukunftsweisende Aufgabe verbunden. 1973 erfunden, stärkt der Claim in ganz Europa (in England liebevoll »Vorsprunk durg Tecknick« ausgesprochen) das damals noch wertvolle Markenversprechen »Made in Germany«. Knapp 10.000 Techniker und Ingenieure im Innovationslabor allein am Standort Ingolstadt geben jeden Tag ihr Bestes, um diesen Slogan Wirklichkeit werden zu lassen – erfolgreich. Mit 1.300 Patentanmeldungen im Jahr 2019 m eldete Audi jeden Tag mindestens drei neue Patente an. Laut einer Auswertung des Deutschen Patent- und Markenamtes und des Europäischen Patentamtes (EPA) ist Audi in Deutschland führend bei der

Zahl der Patentanmeldungen für Elektroantriebe und somit die innovationsstärkste Premiummarke.

Aber gilt das auch für die Kommunikation? Dort wird seit Jahrzehnten konsequent darauf eingezahlt. Unvergessen eins der geilsten Produktdemos aller Zeiten: der Audi, der die Skisprungschanze hochfährt. 1986 produzierte Audi auf der Anlage im finnischen Kaipola mit Rallye-Fahrer Harald Demuth und einem roten Audi 100 CS quattro dieses legendäre Key Visual. Im ersten Gang. Und mit Spikes.

Und so sehr sich der Skischanzen-Spot auch ins kollektive Gedächtnis eingegraben hat, er bleibt eine recht nüchterne Demo. Die rein technische Positionierung wird immer den Nachteil der fehlenden Emotionen haben. Bis heute wird ein Audi sein eher biederes Erdkundelehrer-Image nicht los. Trotz Rallyeerfolgen und Ultraboliden wie dem S1 Pikes Peak überschattet die Technikversessenheit den Anschluss an menschliche Synapsen. Einfach nur mit Fakten zu protzen, macht Kommunikation für technische Marktführer so sexy wie das von Industriedesignern auf eine irgendwie überlegene Zukunft getrimmte Design. Oder wie eine Dream-Theater-Show ohne Videowand im Hintergrund (die Akteure selbst können sich während der Hochleistungsschau kaum bewegen).

Denn irgendwann fragt sich die Zielgruppe: »What's in it for me?« Ich muss ja schließlich auf dem Weg ins Büro keine Skischanzen hochfahren. Folgerichtig setzt Audi seit ein paar Jahren nun schon erfolgreich auf den Kit der Emotionen: Storytelling. Reden wir über sparsamen Verbrauch und zeigen, wie weit ein Audi mit einer Tankfüllung kommt (1300 Kilometer)? Nein, am Flughafen angekommen, übergibt der Fahrer den Autoschlüssel seiner Frau und kann jede Nachfrage schnell beantworten. Wo ist das Licht? Wo der Rückwärtsgang? Nur die Frage »Wo ist der Tank?« kann er nicht beantworten. So selten, wie er den füllen muss. Veranschaulichen wir die intelligenten Fahrassistenzsysteme mit Hindernisparcours oder einem Audi-Fahrer, der durch eine Stadt voller Clowns fährt, in dem sich Verkehrsteilnehmer alles andere als normal verhalten? Wie Clowns eben. Anarchisch und unzuverlässig. Gut, dass das Auto mitdenkt. Verdeutlichen wir anhand eines Auto-Influencers, wie prima sich ein Audi unter extremen Verhältnissen am äußersten Polarkreis schlägt oder zeigen wir einen Eskimovater, der seinen Sohn ebendort in die Grundlagen der Spurendeutung einweiht: Hase, Wolf, Quattro? Beides richtig.

Technik verkauft sich dann gut, wenn sie sich in den Dienst des Menschen stellt. Technikmarken tun gut daran, ab und an im Rückspiegel zu überprüfen, ob ihnen der Mainstream noch folgen kann. Ob der technische Vorsprung begehrenswert abfärbt, oder ob man den alten Fehler begeht, eine interne Firmendarstellung nach außen zu senden. Wir lernen: Produkte und Marken, mit denen wir uns stolz umgeben, sollten uns nicht nur technisch beeindrucken, sondern uns auch auf der emotionalen Ebene berühren.

Selbst wenn sie es nicht zugeben möchten: Auch Dream-Theater-Fans klappen beim Popsong »Pull Me Under« ihre Partituren weg, lassen 17/20-Takt 17/20-Takt sein, schließen einfach nur zuhörend die Augen – und fühlen sich klasse. Besser als ohne Musik. Denn mit dieser Intention wurde sie schließlich irgendwann mal in irgendeiner Höhle erfunden.

BLICK IN DIE FORSCHUNG

Schon der große Strategie-Übervater Michael Porter hat vor rund 40 Jahren beschrieben, dass Technologieführerschaft in einem bestehenden Segment ein Weg für nachhaltigen Markterfolg sein kann, aber dann doch *kein Selbstläufer* ist (Porter, 1985). »Der Beste« zu sein, ist eine gute Ausgangslage, ein komparativer Wettbewerbsvorteil, der sich aber letztlich nur manifestieren wird, wenn man ihn dem Kunden auch begreifbar machen kann (Sadowski & Roth, 1999). Anders gesagt: Wenn die Kunden nicht verstehen oder begreifen können, warum und wie ein Produkt oder eine Dienstleistung wesentlich hochwertiger ist als andere, wird das Potenzial des (technischen) Vorsprungs mit hoher Wahrscheinlichkeit verpuffen, weil keine entsprechende Zahlungsbereitschaft besteht.

Eine Hauptaufgabe für die Vermarktung von technologieführenden Gütern ist also das Begreifbarmachen, die *Verkörperung* des komparativen Wettbewerbsvorteils (Buchanan-Oliver et al., 2010). An diesem Punkt kommen unter anderem intelligente Visualisierungen ins Spiel – wie der legendäre Werbespot von 1986 mit dem Audi und der Skischanze.

Neben der geschickten Nutzung des funktionalen Vorteils lebt diese Form der Positionierung allerdings auch von einer psychologischen Komponente. Der Kunde kauft nicht einfach nur den technischen Vorsprung, sondern auch das Ansehen, welches mit dem Besitz oder der Nutzung solcher Angebote einhergeht. So schreiben die Forscher Hamann und Kollegen (2007, S. 108, Übersetzung durch uns):

> […] Menschen kaufen Hochtechnologieprodukte nicht in erster Linie, um konkrete Bedürfnisse zu befriedigen, sondern eher aus Prestigegründen.

Dem Konsumenten geht es folglich (auch) um eine Form der Abgrenzung, eine Hierarchiebildung innerhalb des erweiterten Kreises der potenziellen Konsumenten. Indem man »das Beste« verlangt, grenzt man sich von jenen ab, die sich auch mit weniger zufriedengeben. Diese Hierarchiebildung kann, muss aber nicht zwingend, mit sozial-monetären Hierarchien übereinstimmen. So ist es beispielweise denkbar, dass Konsumenten bei bestimmten Produktkategorien unbedingt auf den Technologieführer bzw. »das Beste« in einem gegebenen Segment setzen, während ihnen dieser Aspekt anderswo am Gemüt vorbeigeht. Dion und Borraz schreiben dazu (2017, S. 83, Übersetzung durch uns):

> **[…] Kunden positionieren sich in einer sozialen Hierarchie, indem sie sich selbst geltend machen und mit anderen Kunden vergleichen. Diese sozialen Hierarchien entsprechen nicht unbedingt den traditionellen sozialen Grenzen, die um das Konzept der Klasse herumgezogen werden, sondern sie entsprechen größeren Themenkreisen, […] wie der Rolle in der Markengemeinschaft, der Markenkompetenz und der Markenkundigkeit.**

Man erahnt, dass das Connaisseurtum eine elementare Rolle in diesem Prozess spielt. Der Wunsch des Konsumenten, in einem bestimmten Marktsegment – und damit vor einer Untergruppe anderer Konsumenten – als besonders kompetent und »herausragend« im wörtlichen Sinne wahrgenommen zu werden, veredelt gewissermaßen erst die herausragenden Eigenschaften des Produkts bzw. der Dienstleistung. Auch wenn es bei der Positionierung als Technologieführer auf den ersten Blick nicht so ausschauen mag: Der eigentliche Wert realisiert sich dann doch wieder in den Köpfen und Herzen der Kunden, nicht in der Außenwelt per se.

ZUSAMMENFASSUNG UND TIPPS

- Die Positionierung als »der Beste«, als Technologieführer in einem gegebenen Marktsegment, kann äußerst einträglich sein, weil sie nur schwer zu kopieren ist.
- Dieser Punkt ist eine Binse, aber wir wollen sie trotzdem nicht verschweigen: Wer Technologieführerschaft verspricht, muss sie auch liefern können. An diesem Punkt gibt es kein »Fake it till you make it«. Dies zeigt sich gut und gerne, wenn Unternehmen ihre überlegene Kompetenz coram publico demonstrieren wollen und ausgerechnet dann etwas schiefgeht.[176]
- In diesem Sinne wird auch deutlich, dass dies keine Strategie für den kurzfristigen Erfolg ist. Es dauert Jahre, mitunter Jahrzehnte, bis eine Organisation die notwendige technologische Kompetenz aufgebaut hat. Dream Theater sind zwar schon mit ihrem zweiten Album weltberühmt geworden. Man darf dabei aber nicht vergessen, dass die Bandmitglieder zum Teil schon seit der frühen Kindheit intensiv musikalisch ausgebildet wurden.
- Neben der technischen Kompetenz per se ist entscheidend, dass Konsumenten auch bereit sind, dafür (ein Preispremium) zu bezahlen. Dies werden sie in aller Regel nur dann tun, wenn sie den technischen Vorsprung eines Guts verstehen (oder zumindest glauben, diesen verstanden zu haben) und dessen Mehrwert erkennen und wertschätzen.
- Vor diesem Hintergrund wird die Marketingkommunikation eminent wichtig. Oft haben Konsumenten schlicht nicht genug (technisches) Wissen und Kompetenz, um einschätzen zu können, wie gut oder außergewöhnlich ein bestimmtes Produktmerkmal tatsächlich ist.
- An diesem Punkt kommen intelligente Visualisierungen ins Spiel. Die Veranschaulichung des technischen Vorsprungs in einer der Lebensrealität der Konsumenten angemessenen

Art und Weise hilft dabei, den komparativen Vorteil begreif- und verstehbar zu machen.

* Unternehmen, die auf den Aspekt des Brillierens als Positionierung setzen, können die Begehrlichkeit ihrer Angebote zusätzlich steigern, indem sie mehr oder weniger direkt kommunizieren, dass ihre Produkte oder Dienstleistungen »not for everybody« sind.
* Wenn es gelingt, den Eindruck zu vermitteln, es bedürfe einer besonderen Expertise (oder eines anderweitig herausgehobenen Status), um die Raffinesse des Angebots wirklich zu goutieren, kann dies die wahrgenommene Attraktivität noch mal enorm erhöhen.
* An diesem Punkt multipliziert sich der tatsächliche Wert des Produkts mit der Selbstwertsteigerung aufseiten der Konsumenten – eine fast unschlagbare Kombination.

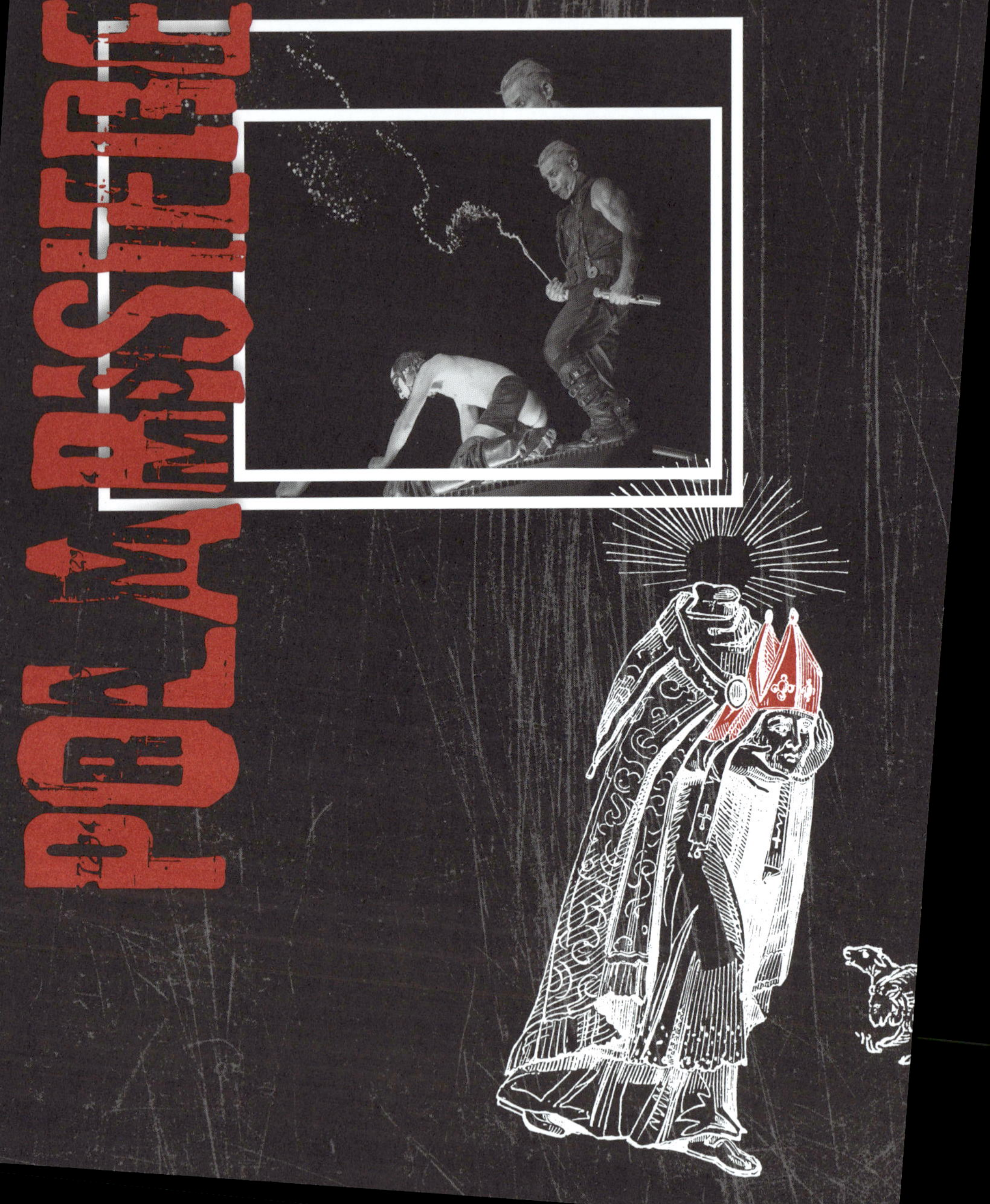

WENN DU UNFUCKINGFASSBAR BIST

Wir wollen, dass ihr uns vertraut
Wir wollen, dass ihr uns alles glaubt
(ICH WILL | MUTTER, 2001)

Rammstein rocken, Rammstein schocken. Und (ver-)locken. Das ist weitläufig bekannt. Hatten wir das Prinzip Provokation zudem nicht schon im Kapitel über Ozzy Osbourne abgefrühstückt? Einerseits: ja. Andererseits werden wir in diesem Kapitel aufzeigen, dass das, was Rammstein seit fast 30 Jahren zelebrieren, nur auf den ersten Blick etwas mit Ozzy Osbournes Fledermausnaschereien zu tun hat. Rammstein gehen tiefer ... tiefer ... tiiiiefer.

IST DAS KUNST, ODER KANN DAS WEG?

Diese Frage mag zum ersten Mal gestellt worden sein, als der Franzose Marcel Duchamp ein handelsübliches Pissoir bekritzelte und 1917 als Kunstwerk bei einer Ausstellung in New York in Szene setzte. Man kann erahnen, wie heftig sich die Leute damals am Kopf gekratzt haben müssen. Ähnliches passierte und passiert Menschen immer noch beim Gedanken an das Oeuvre von Rammstein.

Es gibt Personen und Institutionen da draußen, die zu der Ansicht gelangt sind: Das kann nicht nur weg – es *muss*! Auf den Scheiterhaufen mit ihnen.[177] Zumindest gehören sie nicht in die gleichen Läden, in denen es auch Helene Fischer und die Amigos zu kaufen gibt. Die

Bundesprüfstelle für jugendgefährdende Medien hatte Rammsteins Platte *Liebe ist für alle da* von 2009 wegen eines Bildes im Booklet und des Songtextes zu »Ich tu dir weh« auf den Index setzen lassen.[178] Rammsteins Label legte Beschwerde gegen die Entscheidung ein. 2011 entschied das Verwaltungsgericht schließlich (endgültig) zugunsten der Band und damit auch im Sinne der Kunstfreiheit.

Spielt die Band immer wieder mit den Grenzen des guten Geschmacks? Sicherlich. Gehen sie dabei manchmal einen Schritt zu weit? Möglich.[179] Kann man das abstoßend finden? Natürlich. Aber ist es ein Grund, die Band oder Teile ihres Werks aus der öffentlichen Wahrnehmung zu tilgen? Absolut nicht. Aber genug von Coldplay.

Zurück zu Rammstein. Diese haben, Stand heute, rund zwanzig Millionen Tonträger verkauft. Ihre Tourneen rund um den Globus gleichen höllisch-lauten Triumphzügen. Am Ende des Tages gehören die sechs Herren zu einer dezidiert übersichtlichen Gruppe von deutschen Musikern mit Weltrang.[180] Wie haben die klanggewaltigen Teilzeit-Pyromantiker das hinbekommen?

(UN-)ANGENEHM ANDERS ALS ALLE ANDEREN

Rammstein wurde 1994 in Berlin gegründet. Die erste Inkarnation bestand aus Richard Kruspe (Leadgitarre), Oliver Riedel (Bass), Christoph Schneider (Drums) und Till Lindemann (Gesang). In dieser Formation gewannen sie im selben Jahr einen Nachwuchswettbewerb. Daraufhin gesellten sich noch Paul Landers (Rhythmusgitarre) und Christian »Flake« Lorenz (Keyboard) hinzu. In dieser seitdem unveränderten Formation brachte man 1995 das Debut *Herzeleid* auf den Markt. Das Album war zu Beginn nicht sonderlich erfolgreich, wurde aber durch die außergewöhnlichen Konzerterlebnisse und den Sog des Nachfolgers letztlich ein Millionenseller. Der Zweitling *Sehnsucht* von 1997 war das erste Rammstein-Album an der Spitze der deutschen Charts, befeuert durch die Single »Engel« mit dem charakteristischen Pfeifen im Refrain.

Alle sechs Musiker wurden in der Deutschen Demokratischen Republik geboren und sind alt genug, um eine Sozialisierung in der DDR durchlaufen zu haben. Dieser Punkt ist nicht ganz irrelevant, wenn man das Gesamtkunstwerk Rammstein richtig einordnen möchte. Dazu später mehr. Die Beteiligten hatten bereits Erfahrungen in anderen, mehr oder weniger ernsthaften Musikprojekten im Punk- beziehungsweise Alternative-Bereich gesammelt. Alle Musiker waren sich jedoch darin einig: Ihre neue Band sollte *anders* klingen. Anders als alles, was es zum damaligen Zeitpunkt auf dem Markt gab.

Auch die Idee, in englischer Sprache zu singen, um ein größeres Publikum anzusprechen, wurde früh verworfen.[181] Stattdessen fand man schnell Gefallen am stakkatoartigen, rhythmisch-harten Sound, den die Band damals als Tanzmetall bezeichnete. Die Combo komponiert seit jeher so, dass die Instrumentalisten dem Sänger Till Lindemann im Grunde fertige Songs anliefern, über die dieser dann seine zackig-lyrischen Machwerke ergießt.

DER BLICK IN DEN ABGRUND, AUCH DEN DEUTSCHEN

Rammstein sind Tabubrecher, sie gehen dahin, wo es wehtut. All das, was nicht gesagt werden darf, was (thematisch) nicht berührt werden sollte: Rammstein nehmen es in den Mund, kauen darauf herum und spucken es in der ihnen eigenen Metaphorik wieder aus. Von Anfang an ging es darum, alles Menschliche und auch das Unmenschliche ans Licht zu zerren. Wo andere Rock- und Popmusiker gefälligst gefallen wollen, stellen Rammstein das Dunkle, Hässliche und Verabscheuungswürdige ins Zentrum. Rammstein sagen das Unsagbare. Immer wieder. Und wieder. Und wieder.

Till Lindemann lässt uns in Abgründe schauen, zuvorderst jene von Liebe, Sex und Tod, häufig in einer altertümlichen, an Gedichte der Romantik erinnernden Sprache. Sigmund Freud hätte vermutlich seine helle Freude gehabt.[182] Dieser vertrat in seinem Spätwerk verkürzt gesagt die These, dass alles menschliche Handeln sich aus zwei grundsätzlichen Triebdynamiken speist: Eros und Thanatos. Also dem Wunsch, sich zu vermehren und Leben zu erschaffen – und dem Wunsch, alles wieder kurz und klein zu hacken, es auszulöschen. Die Rammstein-Texte bewegen sich fast immer an der Schwelle: dort, wo Eros in Thanatos umschlägt.

Häufig wird in den Songs die Ich-Form gewählt. Als Hörer schaut man direkt und unverhohlen auf »die böse Tat«, und zwar durch die Augen des Täters. All dies wird auf Basis einer deskriptiven Haltung und Form zelebriert. Der Sänger macht sich nicht gemein mit den schaurigen Figuren in den Songs,[183] distanziert sich aber auch nicht von ihnen, wie es Moral und Anstand der sogenannten bürgerlichen Gesellschaft eigentlich gebieten würden.

Nun nehme man noch Lindemanns berühmt-berüchtigtes rrrrrrrrrrrrollendes R hinzu,[184] vermische es mit dem lustvollen Spiel aus Feuer, Hypermännlichkeit und militärischer Ikonografie sowie sexueller Allegorie – und fertig sind viele kleine Skandälchen und auch der ein oder andere ausgewachsene Eklat. Rammstein mussten beispielweise immer wieder erklären, dass sie als (ehemalige) ostdeutsche Punks rein gar nichts für rechtsradikales Gedankengut übrighaben.[185] Manch ewig gestriger Kritiker will das allerdings bis heute nicht wahrhaben.

In diesem Zusammenhang ist erwähnenswert, dass Rammstein früh großer Erfolg im Ausland beschieden war (im Grunde schneller als in Deutschland), vor allem in den USA[186] und Mexiko, aber auch in Südeuropa und Skandinavien. Während es den weltweiten Fans und der internationalen Presse von Anfang an gelang, deutlich unverkrampfter mit der Band und ihren vielen Doppeldeutigkeiten umzugehen, überwog in Deutschland besonders zu Anfang eine kritische Distanz, bis hin zu Gift und Galle spuckender Verachtung.[187]

IN DER FEUERZONE SPRICHT DIE KUNST FÜR SICH

Unser Mitleid mit Lindemann und Kollegen hält sich allerdings in engen Grenzen. Wir gehen getrost davon aus, dass die Band jederzeit wusste, was sie tat. Wer provokativ-doppelbödige Winde sät, wird bisweilen einen ausgewachsenen, gänzlich unironischen Shitstorm ernten. Zunächst: Da alle Bandmitglieder ihre frühen musikalischen Gehversuche in der Spätphase der DDR unternahmen, waren sie es gewohnt, sich verklausuliert auszudrücken. Musik war im früheren Arbeiter-und-Bauernstaat einer ausgefeilten Form von Zensur unterworfen. Wer sagen wollte, »wat Sache ist«, durfte auf keinen Fall direkt sagen, »wat Sache war«. Das metaphorisch-zweideutige Element, das die meisten Rammstein-Texte und auch ihre Liveshows auszeichnet, war der Band also bereits in die musikalische Wiege gelegt.

Hinzu gesellte sich schnell eine ausgeprägte Lust am Theatralischen. Rammstein verstehen sich in erster Linie als Liveband.[188] Die Musik, die aufwendige Lichtshow, der fortwährende Einsatz von Pyros, natürlich perfekt aufeinander abgestimmt, wird ergänzt durch die immer wieder gleichen Showeinlagen. Zum Beispiel wenn der Sänger seinen Keyboarder Flake während des Songs »Mein Teil« (in dem es um Kannibalismus geht) in einem überdimensionierten Kochtopf mit einem Flammenwerfer verbrutzelt. Sind sie zu laut, bist du zu schwach.

Zum ästhetischen Gesamtkonzept gehört die Haltung, sich selbst und die Kunst möglichst nicht zu erklären. Die Bandmitglieder geben, gemessen an der großen Bedeutung der Gruppe, nur selten Interviews.[189] Ansagen auf der Bühne und spontane Interaktion mit dem Publikum im Rahmen von Konzerten beschränken sich auf ein Minimum. Selbst wenn man sich gegen seine Kritiker verteidigen will, geschieht dies lieber in Form der Kunst selbst, nicht auf der Metaebene. Beispiel: Nachdem schon in der Frühphase der Band Vorwürfe immer lauter wurden, Rammstein seien rechts, veröffentlichte die Gruppe auf dem Album *Mutter* von 2001 den Track »Links 2 3 4«. Dort heißt es: »Sie woll'n mein Herz am rechten Fleck | Doch seh' ich dann nach unten weg | Da schlägt es in der linken Brust | Der Neider hat es schlecht gewusst«.[190]

SOLLEN DIE LEUTE SICH DOCH DAS MAUL ZERREISSEN

Doch selbst dieses Dementi präsentiert die Band noch ironisch gebrochen, wird der stampfende Rhythmus des Liedes doch von den Geräuschen marschierender Soldaten eingeführt. Sie können es halt nicht lassen, die kleinen Lümmeltypen. Und so schreibt der Autor Ulf Lüdeke in einer Retrospektive über die ersten 20 Jahre von Rammstein, die Band setze …[191]

> **ihre Mittel bei der Inszenierung ganz bewusst undeutlich ein, um Verwirrung zu schaffen, die zugleich mehr Aufmerksamkeit bedeutet, ohne sich eindeutig festzulegen, und überlassen die Interpretation den Zuschauern, was sie bis zu einem gewissen Grad angreifbar macht […].**

Neben der moralischen Entrüstung (in den Medien), die spiralartig für Aufmerksamkeit sorgt, beruht der Erfolg dieser Positionierung auf der Tatsache, dass sie den normalen Verlauf des menschlichen Wahrnehmungsprozesses unterbricht. Gelingende Wahrnehmung beruht, verkürzt gesagt, immer auf einem dreischrittigen Prozess.

1. *Perzeption*: Verschiedene Stimuli werden über die Sinnesorgane aufgenommen und nach den Regeln des Organismus elektrochemisch weiterverarbeitet.
2. *Organisation*: In einem Prozess der Kohärenzbildung werden die verschiedenen Sinneseindrücke zu für den Organismus rele-

vanten Mustern integriert. Beispiel: Ich höre Musik und eine männliche Stimme.

3. *Interpretation*: Im letzten Schritt wird diesen Mustern eine Bedeutung gegeben. Man fragt sich implizit: Ist es für mich relevant? Gibt es hier etwas für mich zu tun? Und so weiter.

Je reibungsloser dieser Prozess funktioniert, desto angenehmer für den Organismus. Menschen sind kognitive Faulpelze, das Gehirn verbraucht enorm viel »Strom«. Indem Rammstein es vermeiden, sich zu den von ihnen verarbeiteten Tabuthemen moralisch zu positionieren (was der gesunde Menschenverstand implizit einfordert, da es sich ansonsten nicht um Tabus handeln würde), unterbrechen sie den Prozess an der Schwelle vom zweiten zum dritten Schritt. Es »flutscht« also nicht mehr wie gewohnt im Wahrnehmungskanal.

Die Obszönität der Inhalte, gepaart mit hoher Ambiguität aufgrund der Unterlassung einer einordnenden, kognitiv entlastenden Erläuterung, zwingt den Betrachter, fortlaufend (mindestens gedanklich) zum Werk zurückzukehren. So wie die Zunge, die ständig über eine unebene Stelle an einem Zahn streift, bis alles wieder glatt ist.

KASSIEREN DURCH SCHOCKIEREN?

Das Vorgehen, tabuisierte Themen in den Mittelpunkt zu rücken, sich dann allerdings nicht (moralisch) zu positionieren, erinnert an die berühmt-berüchtigte Kampagne des Unternehmens Benetton vor mehr als 30 Jahren. Damals ließ das Modelabel Anzeigenmotive kreieren, die bewusst gegen »die guten Sitten« (der Werbung) verstießen und dadurch Angst, Ekel, Zorn und allgemein Bestürzung hervorriefen. Der weltweite Aufschrei war entsprechend laut und umfassend. Hat sich das gelohnt? Selbstredend ist der globale Bekanntheitsgrad der Marke damals enorm in die Höhe geschossen. Auch der Umsatz ist in den Jahren der

Kampagne stetig gestiegen, die Profitabilität stattdessen ist tendenziell gesunken. Warum Rammstein als Band mit der Tabubruchtaktik vergleichsweise besser gefahren sind, beleuchten wir im folgenden Kapitel und später beim Blick in die Forschung.

UND JETZT: WERBUNG

Wie schon im Kapitel über Ozzy angemerkt: Generell tun sich Werbung und Marketing heutzutage schwer mit Provokation, und eben auch mit Polarisierung. Nicht umsonst tummeln sich im allabendlichen TV-Werbeblock lauter nette, junge, diverse, lachende und meist von sich selbst ganz verzückte Menschen, die nur Gutes im Sinn haben. Richtige Polarisation im Sinne von Tabubruch, das Benutzen und Ansprechen von Bereichen, die als unberührbar gelten, ist im Marketing nicht umsetzbar. Und es ist auch nicht davon auszugehen, dass sich das in Zukunft noch einmal ändern wird.

Interessanterweise gelten für die westliche Industriegesellschaft immer weniger Tabus. Gleichzeitig können Bilder, die in anderen Bereichen des gesellschaftlichen Lebens längst akzeptiert werden, in der Werbung nach wie vor für Aufregung sorgen. So kann beispielsweise eine sehr offensive und explizite Darstellung sexueller Reize in der Werbung auf große Kritik stoßen, während sie z. B. im Film oder Fernsehen längst als gewöhnlich anerkannt wird.[192] Provokation wird vielleicht noch ab und zu gewagt. Ein paar schmissige oder schlüpfrige Headlines hier, ein paar gewagte Raptexte auf TikTok da, ein paar Sticheleien auf Instagram. Jedoch überlässt man Tabubrüche im Allgemeinen lieber anderen. Zu groß die Angst, mit der Marke für alle Ewigkeit abgestraft zu werden.

DAS IST HALT HALTUNG

Wie just eben damals Benetton. Mit der blutigen Uniform samt Einschussloch eines gefallenen Soldaten im Bosnienkrieg, öltriefenden Kormoranen, einem Soldatenfriedhof und einer schwarzen Frau, die ein weißes Baby stillt – alle Fotos stammten von Oliviero Toscani – wartete die Modemarke vor mehr 30 Jahren auf.[193] Der Deutsche Werberat geißelte die Schockwerbung 1991 als »geschmacklose unglaubliche Entgleisung«. Die erboste Kundschaft reagierte mit Boykott, Magazine lehnten ab, Anzeigen zu drucken,[194] Ladenbesitzer nahmen Benetton aus dem Sortiment.

Doch um das auch mal endgültig mit Begeisterung richtigzustellen: Die Kampagne war ihrer Zeit einfach komplett voraus. Wir vermuten nicht ganz zu Unrecht, dass der Italiener Toscani wahrscheinlich gar kein Mensch ist, sondern ein Alien. Denn zweifelsfrei hatte noch nie jemand so zielsicher Entwicklungen vorweggenommen, die nicht nur ein paar Monate, nicht ein paar Jahre, sondern erst Jahrzehnte später[195] im Marketing zum Standard und damit völlig normal wurden. In Form von Haltungskampagnen. Eingefordert – nicht nur – von der Gen Z.

Damals hat das noch niemand begriffen oder vorhergesehen. Ehrlich gesagt war es damals auch nicht ganz einfach, den italienischen Modehersteller (abgesehen von der kreativen Leistung) ernst zu nehmen, pustete dieser doch auch ganz unverblümt in der Formel 1 zusammen mit Renault an jedem Rennwochenende Hektoliter an Spezialsprit in den Himmel und war noch in ein paar andere Machenschaften verstrickt. (sic!)

SPALTER IM SUPERMARKT

Polarisierung ist zumindest eines der wenigen Mittel, sich wirklich abseits von anderen zu positionieren. Denn im Gegensatz zur Provokation (die auch intelligent sticheln kann), ist Polarisation eine Ecke kantiger und ausschließender. Aber nicht jede Kommunikation, die als polarisierend in die Geschichte einging, war als solche geplant. Die meisten sind verunfallte Provokationen. Früher hätten die sich als Plakate an zwei, drei wenig einsehbaren Hauswänden versendet. Heute werden sie durch die digitale Aufregungsgesellschaft zur ultimativen Lautstärke aufgedreht.

Eine Marke wie das Hamburger Bier Astra, samt kiezgetränkter Kampagne (seit Jahren rotzfrech und oftmals so komisch, dass einem der Rotz beim Lachen aus der Nase kommt) verheddert sich in letzter Zeit immer öfter in ungewollter Polarisation, wenn die Provokation oder fahrlässige Albernheit für die Rezipienten einen Schritt zu weit gegangen ist.

Auch der mittlerweile berühmte Edeka-Spot »Heimkommen« sah sich in seinem Versuch, zu Weihnachten wieder an alle Familienmitglieder zu denken und sie beim Fest einzubeziehen, großer Polarisation ausgesetzt. Es besteht vielerorts offenbar die Meinung, dass Werbung nicht an der Emotion »Traurigkeit« rühren darf. Oder an vorgetäuschten Beerdigungen. Oder an beidem zusammen. Während also die eine Hälfte Deutschlands beschloss, endlich mal wieder Tante Uta, Opa Ernst, Onkel Bernd etc. zu besuchen, diskutierte die andere Hälfte mit Schaum vor dem Mund das »Sadvertising« in Grund und Boden: »Wie könnt ihr mit so etwas Werbung machen? Schnöder Kommerz!« Dabei nahm Edeka einfach nur eine Haltung ein.[196]

So wie mit dem Experiment »The most German Supermarket«. Während das Ding einerseits viral heiß lief und weltweit als positives Zeichen gegen ein nach rechts rutschendes Europa gefeiert wurde, schrieb sich ein großer Teil Ostdeutschlands den Hass in Form von Kommentaren von der Seele und schwor sich Boykott. Wenn wir also Polarisation mit »Stellung beziehen«, »eine klare Haltung haben« gleichsetzen, kann sie in der Kommunikation ein machtvolles Instrument sein, denn fadenscheiniges Heile-Welt-Marketing wird zunehmend hinterfragt.

BEVOR DER PLANET BLUTET, BLUTET LIEBER DIE KASSE

Das Ganze kann man dann mehr oder weniger mutig machen. Man weiß inzwischen, dass Patagonia als Marke alles tut, um nachhaltig zu produzieren (Ziel: den Planeten retten). Das wird aber nicht mit aneinander geschnittenen Stock-Footage-Bildern samt pathetisch darüber gesprochenem Manifesto umgesetzt,[197] sondern wenn, dann mit Aktionen, die kaufmännisch richtig wehtun. Beispiel: alle Läden für einen Tag schließen. Nicht nur in der berühmten »Black-Friday-Kampagne«, sondern so auch geschehen bei den Midterm-Wahlen 2022. Die Menschen in den USA sollten lieber wählen gehen, statt zu shoppen.

KNIEN, ABER NICHT EINKNICKEN

Ganz anders Nike, die mit Colin Kaepernick eine der bemerkenswertesten Kampagnen dieses Jahrtausends gelauncht haben. Der Football-Profi wurde innerhalb der USA von konservativen Lagern beschimpft (vom Präsidenten persönlich als »Hurensohn« bezeichnet) und außerhalb des Landes berühmt, weil er beim Abspielen der US-Nationalhymne aus Protest gegen die damals (und leider bis zum heutigen Tage) stattfindende Polizeigewalt kniete. Auf Plakaten in unübersehbarer Größe stand nur ein Satz über seinem Gesicht: »Believe in something, even if it means sacrificing everything. #JustDoIt.« Fast so sehr Gänsehaut, wie der Satz, der das zweiminütige Commercial abschließt: »It's only crazy until you do it.«

Und crazy musste man sein, um diese Kampagne zu machen. Beziehungsweise extrem mutig (was oft miteinander einhergeht). Die Marke und der damalige Marketingchef Alex Lopez bezogen in dieser Sache klar Stellung. Kein Sowohl-als-auch. Keine smarten Ausflüchte. Es gab kein Herausreden. Kein nach ein paar Tagen hinterher geschobenes War-gar-nicht-so-gemeint. Und vor allem: kein Einknicken und kein Zurückziehen, auch nachdem die PR-Schlacht globale Ausmaße annahm. Man wusste, dass man es sich mit dem Präsidenten und seiner Partei, mit der Hälfte der Presse und TV-Sendern wie Fox News und mit der Hälfte aller Footballfans verscherzen würde. Man tat es trotzdem. Und bekam die Sympathie aller liberal denkenden Menschen auf dieser Erdkugel.

Vier Jahre später fragte Werbeprofi Götz den Verantwortlichen Alex Lopez auf einer firmeninternen Veranstaltung einmal, wie es sich für ihn angefühlt hatte, diese Kampagne freizugeben. Denn: Sich als Agentur etwas auszudenken, ist das eine. Es freizugeben das andere. Er sagte, er habe sich lange mit seiner Frau und seinen Kindern unterhalten – und als die dafür waren, begab man sich für die nächsten drei Monate in den leider dringend benötigten Polizeischutz. Das müssen Rammstein nicht, auch wenn sie bestimmt Tonnen von Hassbriefen und Drohmails bekommen haben und bekommen werden.

Es ist ein Irrtum, anzunehmen, dass Nike als Marke zu groß sei, um sich über jegliche Kritik hinwegzusetzen. Heutzutage sind die Amplituden des Marken- und Absatzerfolgs viel dynamischer als noch vor zehn oder zwanzig Jahren. Polarisation kann einen unglaublichen Boost auslösen, man operiert aber am offenen Herzen. Oder wie Rammstein sagen würden: »Ich tu dir weh. Tut mir nicht leid ...«

BLICK IN DIE FORSCHUNG

Der Begriff des Tabus wird heutzutage breit verwendet, fast synonym für alles, das auf die eine oder andere Art »verboten« ist. Ursprünglich war das Konzept deutlich enger gefasst. Gemäß Sabri und Kollegen (2010, S. 60, Übersetzung durch uns) ist ein Tabu ...

> **(a) eine kulturelle Inszenierung, (b) die heiliger oder magischer Natur ist, (c) die Verhaltens- und/oder Gesprächsverbote vorschreibt, (d) deren Übertretung […] Sanktionen nach sich ziehen kann und (e) mit emotionaler Ambivalenz der Individuen verbunden ist.“**

Ein Tabu entwickelt sich auf der Basis von Furcht und wird auch durch Furchtsamkeit aufrechterhalten, weil Menschen traditionell glaubten, dass ein Tabubruch Böses, Schmerz, Verlust oder sogar den Tod nach sich ziehen würde (Michelson & Miller, 2019). Ergo: Wer ein Tabu bricht, bringt (zumindest hypothetisch) sich selbst, andere oder die Gesellschaft als solche in Gefahr.

In dieser Hinsicht ist der Tabubruch für Werbetreibende – selbst in angedeuteter Form – immer ein Spiel mit dem Feuer.[198] Was hat die Marketingforschung zutage gefördert? Zunächst, das sollte niemanden überraschen, scheint schockierende und tabubrechende Kommunikation besser zu funktionieren, wenn sie mit einem Hauch von Humor serviert wird (Sabri, 2012). Der »Comic Relief« nimmt dem Tabubruch einen Teil seiner Schärfe. Eins zu null für Rammstein.

Weiterhin ist zu beachten, dass nicht alle Organisationen gleichermaßen von Schocktaktiken profitieren werden. So zeigt sich beispielsweise, dass nicht-gewinnorientierten Organisationen entsprechende Kommunikationsmaßnahmen eher verziehen werden, als wenn es um Gewinnmaximierung geht (Parry et al.,

2013). Schockieren für die Kunst oder den guten Zweck wird also eher akzeptiert als zum Zwecke des finanziellen Profits. Wer Tabus aus gesellschaftlich relevanten Motiven oder im Sinne der Kunst bricht, wird vielleicht nicht von allen geliebt, in aller Regel aber akzeptiert. Wer es für den schnöden Mammon tut, muss mit deutlich mehr Gegenwehr rechnen.

Ferner liegt es im Bereich des Möglichen, dass tabubrechende Werbebotschaften bei Männern im Mittel wünschenswertere Wirkungen erzielen als bei Frauen, weil bei den letztgenannten die negativ-affektiven Reaktionen stärker ausfallen (Swani et al., 2013). Der Korridor für den Einsatz von schockierenden Reizen in Bezug auf die weibliche Zielgruppe ist enger gesteckt. Männer zeigen sich im Mittel etwas »robuster« gegenüber derartigen Grenzüberschreitungen.

Zudem lassen verschiedene Forschungsergebnisse den Schluss zu, dass die Wirkung von der jeweiligen Kultur abhängig ist (Evans & Riyait, 1993). Dies leuchtet ein, wenn man bedenkt, dass ein Tabu oft religiös eingefärbt ist. In Indien sind Kühe tendenziell heilig, in Deutschland tendenziell lecker. Solche Besonderheiten bestimmen naturgemäß ein Stück weit, was als Tabubruch wahrgenommen wird und was nicht. Andererseits scheint es auch kulturunabhängige Tabuthemen zu geben, z. B. Inzest.

Zuletzt: Manche Forscher geben zu bedenken, dass der gezielte Tabubruch als Strategie der Positionierung mittlerweile ausgedient hat, weil die Welt sich seit der Benetton-Kampagne weitergedreht hat (Urwin & Venter, 2014). Wenn ein Tabu einmal gebrochen wurde, ist es nur schwer wieder zu re-tabuisieren. Anders gesagt: Was 1990 noch Schockpotenzial hatte, lockt 30 Jahre später kaum noch jemanden hinter dem Ofen hervor. Gleichzeitig lässt sich die Spirale nicht endlos weiterdrehen, weil man irgendwann unweigerlich in Sphären landet, wo sich keine Marke auf dieser Welt zu Hause fühlen sollte.

ZUSAMMENFASSUNG UND TIPPS

- Hier gebietet sich wieder ein Wort der Warnung: Der Tabubruch als Weg der Positionierung ist eine risikobehaftete Strategie. Die zu erwartenden Vorteile (hohe Aufmerksamkeit, Steigerung der Markenbekanntheit etc.) und die potenziellen Nachteile (Imageverlust, finanzielle Einbußen durch Gerichtsurteile etc.) sollten gut gegeneinander abgewogen werden. Doch auch die gründlichste Abwägung wird notwendigerweise lückenhaft bleiben. Ist ein Skandal in der Welt, entwickelt er – gerade in Zeiten von Social Media – ein Eigenleben. Es droht ein Kontrollverlust, denn erfahrungsgemäß bekommt niemand die Zahnpasta zurück in die Tube.
- Ähnlich wie bei der Schockstrategie (siehe das Kapitel zu Ozzy Osbourne) würden wir den Tabubruch als Mittel der Positionierung in der Tendenz eher jungen Unternehmen bzw. solchen in einer Underdog-Rolle empfehlen. Auch hier gilt: Je höher der bestehende Markenwert, desto mehr gibt es zu verlieren.
- Um von Tabubrüchen profitieren zu können, braucht es wie so oft den sprichwörtlichen Arsch in der Hose. Wer beim ersten Anzeichen von Gegenwind einknickt, wird vor allem die unappetitlichen Früchte dieser Strategie ernten (Beispiel: Shitstorm), ohne die schmackhaften Erträge (z. B. eine langfristige Steigerung der Markenbekanntheit) genießen zu können. Für den Erfolg des Prinzips gehört zwingend dazu, dass man »es drauf ankommen lässt«. Die Organisation muss demnach zum kontrollierten Kontrollverlust fähig und bereit sein.
- In der Werbung geht Polarisation heutzutage mit der Demonstration einer eindeutigen Haltung einher. Wo früher einfach ein fröhlich-seichtes »Kauf mich!« geflötet wurde, beziehen manche Marken dieser Tage Stellung zu sozialen

und gesellschaftlichen Themen. So wie es sonst eher Kunst und Literatur tun.

- Ob die Strategie aufgeht, hängt auch davon ab, wer Sie (als Organisation) sind und wer Ihre Zielgruppe ist. Wenn Sie für eine Non-Profit-Organisation tätig sind, ist die Strategie mit weniger Risiken behaftet, als wenn es ums Geld geht. Provozieren für den guten Zweck wird eher akzeptiert als zur Gewinnmaximierung. Zudem fahren Sie vermutlich besser, wenn sich die Produkte oder Dienstleistungen im Schwerpunkt an Männer, nicht an Frauen richten.
- Tabubrüche werden eher akzeptiert, wenn die kommunikative Botschaft extrem überzeichnet oder mit einem Schuss Humor garniert ist. Wenn klar wird, dass man nicht alles bierernst meint, lassen sich auch fiese Kröten leichter schlucken.
- Wenn Sie in verschiedenen Ländern aktiv sind, müssen zentrale Motive Ihrer Marke oder Kommunikationsmaßnahme unter Umstände an lokalen Gepflogenheiten angepasst werden. Einige Tabus lassen sich global nachweisen (wie das Inzest-Tabu), andere sind recht spezifisch an eine bestimmte Region oder Religion gebunden (z. B. die Heiligkeit von manchen Symbolen).
- Tabubrüche in der Kommunikation haben den Nachteil, dass ihre Effektivität mit der Zeit abnimmt. Man kann ein konkretes Tabu nicht immer wieder aufs Korn nehmen, weil es durch den regelmäßigen Bruch langsam, aber sicher aufhört, ein Tabu zu sein. In diesem Sinne ist es prinzipiell notwendig, immer wieder eine Schüppe draufzulegen, was gleichzeitig das Risiko für ungewollte Nebenwirkungen erhöht. Machen Sie sich dahin gehend frühzeitig klar, wo Ihre Grenzen liegen.

Kapitel Acht

INSZENIEREN

WENN DU NAH AN DER EIGENEN PERSIFLAGE BIST

We don't attract wimps 'cause we're too loud
Just true metal people – that's Manowar's crowd
(KINGS OF METAL | KINGS OF METAL, 1988)

Jemandem die Band Manowar zu beschreiben, der sie nicht kennt, ist kein einfaches Unterfangen. Der britische Soziologe und Metalforscher Karl Spracklen schreibt in einem Buchbeitrag:[199]

> **Wenn man zum ersten Mal mit Manowar in Berührung kommt, stellt man sich vor, dass es sich um eine Parodie handelt, eine Verspottung des Metal […].**

Beginnen wir mit der vielleicht berühmtesten Textzeile aus einem Lied der Gruppe aus Auburn im Staat New York, dem eingangs zitierten Fanfavoriten »Kings of Metal«.[200] Im Refrain wird immer wieder gegrölt: »Other bands play – Manowar kill!« Während Sie dieses lyrische Kleinod genießen, lassen Sie einmal alle Klischees vor Ihrem geistigen Auge aufsteigen, die Sie möglicherweise über *traditionelle* Heavy-Metal-Bands im Hinterkopf haben.

Denken Sie an muskulöse Männer mit langen Haaren und nackten Oberkörpern in Lederhosen und Fellstiefeln. Denken Sie an mehrstöckige Boxentürme, an überdimensionierte Schwerter und an eine Harley, die während eines Konzerts auf die Bühne rollt. Denken Sie an die Hitze und den Geruch von Feuerbällen, Lautstärke im Bereich eines startenden Düsenjets, an Hektoliter Schweiß und Testosteron. Denken Sie an Texte über nordische Götter, die Schlachten ruhmreicher Krieger – und denken Sie an regelmäßige Textpassagen übers Bumsen. Und Bier.[201] Stellen Sie sich nun vor, dass all dies dem geneigten Publikum seit über 40 Jahren mit großer Ernsthaftigkeit vorgetragen wird, ohne den Hauch eines Anflugs von Ironie und Augenzwinkern. Haben Sie all das vor Augen? Herzlichen Glückwunsch, Sie kennen sich nun mit Manowar aus. Ein bisschen, jedenfalls.

DER EINZIG WAHRE METAL

Manowar wurde 1980 von Joey DeMaio (Bass) und dem Gitarristen Ross »the Boss« Friedman gegründet. Die beiden lernten sich während einer Europatour von Black Sabbath kennen. DeMaio arbeitete im Hintergrund als Pyro- und Basstechniker, Friedman spielte in der Vorband. Später rekrutierten sie den Sänger Eric Adams (bürgerlich Louis Marullo), einen Schulfreund DeMaios, sowie den Drummer Donnie Hamzik. Bandleader und Hauptkomponist De Maio und Eric Adams spielen seitdem durchgehend zusammen, während es auf den Positionen des Gitarristen und des Drummers regelmäßige Wechsel gab, freiwillige und unfreiwillige.

Manowar sind das, was man als Kultband bezeichnet. Obwohl sie in ihren Anfangstagen ständig vom jeweiligen Label gefeuert wurden und nicht annähernd so viele Tonträger verkauft haben wie beispielweise Metallica oder Iron Maiden, verfügen sie über eine riesige, eingeschworene Fangemeinde auf der ganzen Welt.[202] Sie werden von Millionen Menschen als gottgleich verehrt,[203] aber von nicht wenigen Leuten in der Metalszene auch mit großer Inbrunst gehasst. Manowar polarisieren. Nicht durch primitive Exzesse wie Ozzy Osbourne, auch nicht durch zweideutige Provokation wie Rammstein. Manowar provozieren einfach, weil sie *sie selbst* sind und weil sie nach eigener Aussage »den einzig wahren Metal« für sich gepachtet haben.

In dieser Hinsicht gelten die Amerikaner als Begründer einer bestimmten Spielart des Heavy Metal, genannt True Metal. Dieser »wahre Metal« klingt im Grunde nicht wesentlich anders als klassischer Heavy Metal der Achtzigerjahre. Er entsteht erst in Verbindung mit den Lyrics über Mord und Todschlag, angelegt in quasi-historischen oder spirituellen Fantasiewelten, und im Zusammenspiel mit der Optik der Bands sowie ihrer Bühnenshows, die von Hypermaskulinität und Eskapismus geprägt sind. Im Grunde ist True Metal das musikalische Äquivalent von *Conan der Barbar* mit Arnold Schwarzenegger. Ein bisschen cheesy, ein bisschen stumpf – aber irgendwie auch geil. Viele Fans anderer Spielarten des Metal gönnen sich Manowar dahin gehend als Guilty Pleasure: Man sollte sie eigentlich *nicht* mögen, tut es aber trotzdem. So schreibt der Musikjournalist Dom Lawson im Vorwort zum Bildband *The Blood of the Kings, Vol. 1*:

> **[…] wenn die Musik so klingt, als sei sie von Odin höchstpersönlich gesandt worden, fällt es leicht, sich ihrer heftigen Erhabenheit hinzugeben.**

Joey DeMaio verortet den True Metal (zumindest in der Version von Manowar) oft in einer Tradition mit Komponisten wie Richard Wagner, wobei es ihm um Bombast und auditive Wucht geht, nicht zwingend um kompositorische Komplexität.[204] Die Schlichtheit vieler Songs und der Lyrics sollte aber nicht darüber hinwegtäuschen, dass hier außergewöhnlich arrivierte Musiker am Werk sind. DeMaio ist ein erstklassiger Bassist, Eric Adams einer der talentiertesten Metalsänger aller Zeiten, obwohl er laut eigener Aussage kaum formelles Gesangstraining genossen hat. Er ist für seine extrem hohen und lang gehaltenen Schreie bekannt, hatte zu seinen besten Zeiten ein über vier Oktaven reichendes Organ.[205]

SCHNELLER ALS DER WIND, LAUTER ALS EIN DÜSENJET

Zum brachial-ästhetischen Gesamtkonzept von Manowar gehört der Versuch, immer wieder als die lauteste Band der Welt zu gelten.[206] »Wenn wir in der Stadt sind, explodieren die Lautsprecher«, singt Adams zu Beginn des bereits zitierten Songs »Kings of Metal«. 1984 übertrafen sie erstmal den Lautstärkerekord, der damals noch The Who zugeschrieben wurde, doch die Welt inklusive der Volume-Regler hat sich seitdem ohrenbetäubend weitergedreht. 2008 haben Manowar bei einem Soundcheck im beschaulichen Bad Arolsen angeblich 139 Dezibel erreicht – das wäre ein startender Düsenjet in etwa 25 Metern Entfernung.[207]

Neben der Lautstärke spielt auch Geschwindigkeit eine herausragende Rolle. Zwar spielt sich ein guter Teil des Manowar-Oeuvres im Midtempobereich ab,[208] doch es gibt zudem regelmäßige Bass-Soli von DeMaio (z. B. eine Adaption von Rimski-Korsakows »Hummelflug«), in dem er seine spielerischen Qualitäten demonstriert. Insgesamt geht es bei Manowar also darum, »den Längsten« zu haben, in jeglicher Hinsicht. Man bekommt eine Ahnung davon, warum die Band auf unterschiedliche Art und Weise eine Wohltat für die – in aller Regel – gepeinigte Teenagerseele ist.[209] Da in der Metalszene allerdings viele Player das größte Gemächt haben wollen, trifft der »Wir sind geiler als alle anderen«-Duktus nicht auf ungeteilte Gegenliebe.

Eine andere klassische Zeile des Manowar-Kanons lautet: »Wimps and posers – leave the hall!« So heißt es im Song »Metal Warriors« von 1992. »Weicheier und Angeber, verlasst die (Konzert-)Halle!«[210] Der Begriff des Posers ist hier von erhellender Bedeutung. Poser leitet sich von dem französischen Wort »poseur« ab. Jemand, der posiert, stellt etwas ostentativ zur Schau, ohne dass es zwingend eine Korrespondenz zwischen Innen und Außen geben muss. Ein Poser ist (potenziell) unauthentisch, ist in der Sprache des Internets mit hoher Wahrscheinlichkeit »fake«. Allerdings wird Manowar genau *das* seitens der Kritiker und Hater regelmäßig vorgeworfen, nämlich dass DeMaio & Co., die immer wieder vorgeben, jegliche Poser aus dem Metal entfernen zu wollen, selbst die größten Poser sein könnten. Was angesichts der oben beschriebenen Optik und bestimmter Verhaltenstendenzen[211] nicht komplett von der Hand zu weisen ist.

In der Welt der Mode fällt uns korrespondierend dazu die Marke Philipp Plein ein, oder wie wir sie manchmal nennen: Takko für Oligarchen. Alles ist schweineteuer, aber vor allem grell überzeichnet. Viele Kleidungsstücke wirken aus der Perspektive von Otto Normalverbraucher vielleicht sogar geschmacklos. Es »blinkt und glitzert wie eine Bordelltür« – um einem alten Film mit Terence Hill die Ehre zu geben. Trotzdem, oder gerade deswegen: Philipp Plein ist nun bereits seit Jahren der finanziell erfolgreichste deutsche Modeschöpfer. Und gegen dauerhaften Erfolg am Markt lässt sich nur schwer argumentieren.

ECHTER ALS ECHT

An diesem Punkt offenbart sich das Faszinierende an der Über-Inszenierung als Positionierung. Manowar sind nicht einfach echt, sie sind *echter als echt*. Wie die Menschen in Lynchburg, Tennessee, Home of Jack Daniel's. Manches Gebaren hat die Anmutung einer Wrestling-Show. Doch während im Wrestling nur den allerjüngsten Zuschauern nicht klar ist, dass es sich um eine Show, um ein abgekartetes Spiel handelt, verschwimmt die Grenze zwischen Kunst und Realität bei Manowar vollends. Alles ist überzeichnet, auf die Spitze getrieben und gerade dadurch »The Real Thing«. Manowar leben für ihre Kunst – und das Künstlich-Kunstvolle ist ihre Realität. Zumindest solange Fans im Raum sind.

Dazu passt auch die Beobachtung, dass von den Musikern, insbesondere von Bandleader Joey DeMaio, kaum Privates bekannt ist.[212]

Soweit ersichtlich, ist er unverheiratet und kinderlos. Da er stramm auf die 70 zugeht, wird sich das vermutlich in diesem Leben auch nicht mehr ändern. Stattdessen gibt er im Rahmen von Interviews und bei Konzerten weiterhin das Bild des potenten, Groupies vernaschenden Sexgotts. Ein Blick hinter die Kulissen, eine Homestory mit Frau, Kindern und – der Metalgott bewahre – Enkelkindern, würde dieses Image nur stören. Möglicherweise gäbe es bei einer solchen Homestory auch gar nichts Neues zu entdecken, weil Joey DeMaio eben ein überschallschneller Bassist und Groupies vernaschender Sexgott *ist* – weil die Kunstfigur und der Mensch dahinter eins sind. Wer nicht zum Inner Circle der Band gehört, wird es vermutlich nie erfahren.

VON DER ÜBER-AUTHENTIZITÄT ZUR HYPERREALITÄT

Auch wenn uns die Manowar-Mannen sicherlich dafür »killen« würden: In der Gesamtschau erinnert uns deren Werk und seine Vermarktung an die Jean Baudrillard zugeschriebene Idee von der *Hyperrealität*. Der Philosoph postulierte, dass wir zunehmend in einer Welt leben, in der die Realität als solche kaum mehr von den Symbolen unterscheidbar ist, die zur Beschreibung eben jener Realität verwendet werden. Die echten Dinge und ihre Symbole verschmelzen miteinander. Unter gewissen Umständen bis zu dem Punkt, da wir Symbole als real akzeptieren, obwohl sie gar keinen Ursprung mehr in der echten Welt haben.[213]

In dieser Hinsicht erscheint uns Manowar als hyperreale Metalband. Die von ihnen genutzte Symbolik in Text und Bild läuft letztlich ins Leere. Sie besingen und stellen eine Götter- und Kriegerwelt zur Schau, die es in der Form nie wirklich gab. Auch der True Metal, der einzig wahre Metal, ist kaum mehr als eine Chimäre: Es gibt keine einheitliche Definition, keine klaren Zugehörigkeitskriterien. Du bist True Metaller, wenn du sagst, dass du True Metaller bist.

Vielleicht liegt genau in diesem Punkt die starke Anziehungskraft der Band. Gerade, *weil* sie keinen wesensechten Kern hat, bietet sie eine ideale Projektionsfläche für die Wünsche und Sehnsüchte der Fans. Manowar werden real und echt, *weil* der Fan seine individuelle Realität in der Musik gespiegelt sieht. Dazu passt die Tatsache, dass auf fast allen Plattencovern und Devotionalien seit 1988 der »Faceless Warrior« abgebildet ist, ein gesichtsloser, muskelbepackter Krieger. Die Band lässt in Interviews verlauten, die Figur sei absichtsvoll nicht eindeutig zu identifizieren. So bietet sie dem Fan die Möglichkeit, die eigenen Kämpfe und alltäglichen Kleinkriege eines normalen Lebens vorübergehend an die Band zu delegieren, um mit dem Leben als solchem besser klarzukommen. Wer Manowar hört, mutiert zum Manowarrior, wird vorübergehend zu einem Teil des Kunstwerks.

Als Zwischenbemerkung sei gesagt: Möglicherweise haben wir das alles hier auch aufs Heftigste überanalysiert. Könnten wir Joey DeMaio zu unserer Einordnung seines Werks befragen, würde er vermutlich das Folgende zu Protokoll geben: »Ich scheiße auf Baudrillard und ich scheiße auf euch. Fuck this shit, ihr Pussys!« Und wer könnte es ihm verdenken? Das hindert uns[214] übrigens in keinster Weise, demnächst wieder auf ein Manowar-Konzert zu gehen und aus Leibeskräften mitzugröhlen: »Bei Mondlicht reiten wir, Zehntausend, Seite an Seite ...«

UND JETZT: WERBUNG

Image ist alles. Im Metal sowieso. Und im Marketing auch. Ohne Übertreibung geht im Marketing gar nichts. Das wäre ja wie Judas Priest ohne Nieten oder Iron Maiden ohne Eddie oder Motörhead ohne Rickenbacker oder Behemoth ohne Mönchskutten oder Mayhem ohne Corpsepaint oder Blind Guardian ohne Valhalla oder Guns'n'Roses ohne Special Editions oder ...

MOMENT ...

Rammstein ohne Feu ... Flake[215] oder Megadeth ohne die Story vom Rausschmiss oder Deep Purple ohne Drumsolo oder Whitesnake ohne 1987 oder Pommesgabeln ohne Ronnie James Dio oder Sängerlegenden ohne geänderte Tonart oder Kiss ohne Playback oder ...

MOMENT ...

Steel Panther ohne beknackte Cover oder Lars Ulrich ohne Timingschwierigkeiten[216] oder Anthrax ohne Moshpits oder Nu Metal ohne hitzigste Diskussionen oder W.A.S.P. ohne Sägeblätter oder Tattoos ohne Schwarz oder Wacken ohne Regen oder ...

MOMENT ...

Irgendein Konzert ohne Slayer-Rufe oder AC/DC ohne Bon Scott. Sie wurden soeben Zeuge des Stilmittels Übertreibung (quantitativ) in einem Sachbuch. Wo waren wir? Ach ja: Werbung besteht eigentlich nur aus Manowars. Punkt. Nächstes Kapitel.

Ach? Sie wollen noch ein bisschen mehr wissen? Nun gut: Hyperreal war die Werbung schon immer. Und nach einprägsamen Bildern oder Hyperrealität hat sie auch immer schon gesucht. Da gab es kilometerlange Wäscheleinen mit weißer Kleidung. Und Fähnchen schwingende Mitarbeiter in einem Bankmeeting. Oder berühmte Leute, die sich hinter einer Zeitung verstecken. Sprechende Biber, Erdmännchen, Füchse, Brüllaffen, Schokolinsen und lachende Pferde. Protagonisten, die dauernd vor Glück schreien, nackt einen Berg hinunterrutschen oder alles »Supergeil!« finden. Und absolut alles, was sich in Wodkaflaschen verwandeln lässt.[217]

WENN MAN NUR SEKUNDEN HAT

Klar, Werbung übertreibt doch immer. Superlative kosten hier nichts. Noch toller, noch größer, noch neuer, noch smoother, noch bequemer, noch schmackhafter. Oft gepaart mit Dringlichkeit und Lautstärke (YES!), wenn einem die unglaublichen 200 Hertz oder die sagenhaften 1,99 vor den Latz geschrien werden. Auch wenn sich Werbung in den letzten Jahren kontinuierlich aus dieser Reklame-Sackgasse herausentwickelt hat und versucht, die Menschen zu unterhalten, zum Nachdenken zu bringen, ihre Einstellung gegenüber Dingen zu ändern, sich der Community anzuschließen: Der Hang zur histrionischen Persönlichkeitsstörung bleibt.[218]

Nein, nicht weil sie womöglich ihren wahren Ursprung bei den Marktschreiern oder Koberern hat. Sondern, weil freiwillig niemand auf sie wartet. Menschen schenken Kinofilmen, Opern, Theateraufführungen und Konzerten gerne zwei Stunden ihrer Aufmerksamkeit. Werbung: nicht. Werbung hat nur wenige Sekunden, um zu überzeugen. 25 Sekunden bei einem durchschnittlichen TV-Spot. 15 Sekunden gar bei einem Pre-Roll (und dem Damoklesschwert darunter: »Werbung überspringen« (x). Und vielleicht nur drei Sekunden beim Vorbeifahren an der Plakatwand. Selbst die (derzeitigen) 60 Sekunden Maximum YouTube Shorts[219] verlangen nach besonderen Lösungen, um den Wurm so interessant zu verpacken, dass er dem Fisch schmeckt.[220] Das ist durchaus eine Kunst.

Und hier hilft Übertreibung. Denn sie generiert immer Aufmerksamkeit. IMMER. Übertreibung in jeglicher Form, übertrieben absurd, übertrieben doof, übertrieben visuell, übertrieben skurril, übertrieben übertrieben. Gerne auch mal alles zusammen. Das spricht das Kind in uns an, die Blödsinnmacher, die In-der-Bibliothek-Lachflash-Unterdrücker-und-nicht-Könner, die Feistgrinser, die Heimlich-Fips-Asmussen-Hörer.

So wie bei der Werbung für das Hamburg-Kultgetränk Astra. 1998 nach mehreren Hin- und Herverkäufen finanziell ziemlich am Boden, erhob sich die Kiezmarke inklusive einer der ironischsten, rotzigsten und kreativsten Anti-Premium-Kampagnen mit selbstbewusster Brust gen Erfolg. So überzogen, so gewollt stumpf drüber, so stereotyp St. Pauli und dabei so liebevoll, dass die Leute sich Poster davon bestellen wollten. Nachdem sie ausgelacht hatten.[221] Natürlich glaubt niemand auf diesem Planeten, dass es auf der sündigsten Meile wirklich so zugeht oder dass im beschaulichen Flensburg nur schlagfertige und witzige Männer wohnen[222]. Und sich diese immer nur in Dreiergrüppchen mit einem Bier zum furztrockenen (Nicht-)Gespräch in den Dünen treffen.

DU RIECHST SO GUT

Oder dass sich Frauen in Männer verlieben, nur weil sie gut riechen. Dass der Axe-Effekt genauso funktioniert wie in den jahrzehntelang laufenden TV-Spots. Oder wie früher bei den Kleinanzeigen auf der letzten Seite von Seniorenblättern wie *Gong* zwischen Bauchweggürteln, Magnetarmbändern und Anti-Cellulite-Jade-Rollern. Denn natürlich glaubt man diese Übertreibung nicht, aber wenn nur ein kleines bisschen was dran wäre? Vielleicht haben die Götter des Moschus ja ein Einsehen?

Und genau darum funktioniert das so gut, dass es seit Jahren nach demselben Muster abläuft. Du benutzt Axe, und alle Frauen stürzen sich auf dich.[223] Das wird immer wieder neu aufgeladen: Entweder verwandelt sich unser Held durch sein Deo in eine unwiderstehliche lebensgroße Schokoladenfigur seiner selbst, die immer noch lächelt, auch wenn ihm das halbe Gesicht (oder ein Stück aus dem Hintern) abgebissen wird – oder er wird bei einem Date von einem Moskito gebissen, dieser von einem Frosch geschluckt, der nach seinem »Date« wiederum gebraten auf dem Teller eines älteren Mannes landet, der bei seinem Date das Zeitliche segnet und auf dessen Grab sich zwei Maden bei ihrem Date zu einem Herz formen: »Das neue Axe hält jetzt noch länger.« Ein Geruch, der Engel vom Himmel stürzen lässt und Tausende Frauen aus allen Kontinenten anzieht, je mehr man sich einsprüht.

ALLES SO SCHÖN BUNT HIER

Die Krone der Übertreibung gehört aber seit Jahren Skittles. Der amerikanische Hersteller und seine Agentur(en) haben ein Faible für wirklich seltsame, saukomische, surreale, verstörende, kurz: außerhalb der Norm liegende Werbung. Ob ein Mädchen einem Jungen seine nur aus Skittles bestehenden Zähne wegküsst, ein Vollbart ein Eigenleben bekommt und beim Jobinterview dem Delinquenten die ganze Zeit die Skittles aus der Tüte isst, ein Kollege beklagt, dass er eine Variante von Midas ist, weil alles, was er anfasst, zu Skittles wird oder ein Twen, der beim Arzt darüber klagt, dass er einen so kleinen Mund hat, dass er nur ein Skittle auf einmal essen kann, während der Doc sich – nicht sehr empathisch – eine ganze Packung einverleibt.

Wunderbar abgedreht und immer ganz vorne dabei, wenn es zur Wahl der Lieblingsspots eines jeden Super Bowls geht. Lustigerweise verzeihen die Amis diesen derben Humor. Mit Ausnahme des »Nabelschnur-Spots« am Muttertag, bei dem ein erwachsener Sohn durch eine große fette Nabelschnur mit seiner Mutter verbunden auf dem Sofa sitzt und jedes Mal »Hmmm« macht, wenn die Mutter sich ein Skittle in den Mund schiebt. Ob nun die

Nabelschnur selbst oder die Anspielung auf den fehlenden Vater ausschlaggebend war, sei dahingestellt. Fakt ist: Zum ersten Mal in der Firmengeschichte wurde der Spot bereits nach einer Woche wieder aus allen Kanälen gelöscht. Matt Montei, damaliger Senior Director of Confections bei Wrigley U.S., erklärte diesen Schritt *AdWeek* gegenüber recht nüchtern: »Wir haben dieses Video für alle Mütter gemacht, die unappetitliche Witze mögen, und wir nehmen es für alle Mütter runter, die das nicht tun. Alles Gute zum Muttertag.«

Fairerweise muss man sagen, dass das Stilmittel Übertreibung in ihrer extremsten Form – ähnlich wie bei Manowar und Marvel-Filmen – in der Werbung in den letzten Jahren etwas aus der Mode gekommen ist. Der Zeitgeist verlangt echtere Bilder, ungestelltere Szenen und realistische Geschichten beziehungsweise Verhaltensweisen. Was nicht mehr funktioniert, sind Protagonisten, die vor lauter Genuss anfangen zu schweben oder sich irgendwelche crazy Sachen ausdenken, wie spontane Rooftop-Frühstücke, nur um festzustellen, dass andere gutgelaunte Menschen auf genau *dieselbe* Idee gekommen sind.

Alles was wie solch surreale Werbung daherkommt, wird nicht nur – zurecht – kritisch beäugt, sondern als doofe, nervige und typische REKLAME abgecancelt. »Wimps and Posers, leave the hall!«

BLICK IN DIE FORSCHUNG

In der psychologischen und auch in der Marketingforschung herrscht wenig Einigkeit zum Thema Authentizität. Außer vielleicht, dass es schwierig ist, das Thema eindeutig zu definieren und zu erforschen. So wird häufig angemerkt, dass die Authentizität einer Person oder einer Marke niemals eindeutig festgestellt werden könne, weil sie notwendigerweise eine Zuschreibung ist, also im Auge des Betrachters liegt. Dagegen ist schwerlich zu argumentieren. Indes kann man sich durchaus anschauen, welche Attribute eines Objekts dazu geeignet sind, diese Zuschreibung von Authentizität auszulösen.

Die Forscher Carroll und Wheaton (2009) stellen fest, dass Menschen bei der Einschätzung der Authentizität von Produkten auf mindestens zwei Attribute achten. Da ist zunächst eine handwerkliche Dimension, also die Frage, ob ein Produkt mit den richtigen Zutaten und auf die korrekte Art und Weise hergestellt wird. Solche Reinheitsgebote gibt es auch im Metal (gerade auch bei Manowar), und zudem muss die Musik handgemacht sein. Playback und alles, was irgendwie nach artifizieller Produktion klingt, ist tendenziell verpönt. Zudem gibt es eine moralische Komponente: Man muss als Produzent gewissermaßen mit Herz dabei sein, nicht bloß wegen des potenziellen finanziellen Vorteils. Ergänzend bemerkt Kovács (2019), dass es hilfreich ist, wenn ein Produkt nachweislich eine lokale oder temporale Beziehung hat, es also eindeutig einer bestimmten Region oder Epoche zugeordnet werden kann.

Bruhn et al. haben 2012 ein Instrument zur Messung der Wahrnehmung von Authentizität vorgelegt, das über verschiedenste Produktkategorien stabil funktioniert. Die weiter oben genannten Aspekte spiegeln sich weitgehend in diesem Werkzeug. Demnach verstärkt sich die übergreifende Wahrnehmung von Authentizität, je ausgeprägter sich die folgenden Dimensionen gestalten:

- *Beständigkeit*: Die Marke muss Konsistenz über die Zeit hinweg demonstrieren, sie muss sich selbst treu bleiben. Wer sich zu weit vom eigenen Ursprung oder Kern entfernt, wird als zunehmend unauthentisch wahrgenommen.
- *Originalität*: Die Marke muss Einzigartigkeit oder zumindest Andersartigkeit aufweisen. Der Wiederkennungswert zahlt auf die Anmutung von Echtheit ein. Wer so ist, wie alle sind, hat es schwerer, als authentisch wahrgenommen zu werden.
- *Natürlichkeit*: Die Marke sollte unverfälscht, also nicht künstlich wirken. Es dürfen keine falschen Zutaten verwendet werden, was auch immer das im Einzelfall heißt. Zudem muss das Ganze auf die richtige Art und Weise kredenzt werden.
- *Zuverlässigkeit*: Schließlich geht es um Glaubwürdigkeit und Wahrhaftigkeit. Die Marke muss das, was sie im Sinne der zuvor genannten Attribute verspricht, auch einhalten (können). Es darf kein Plagiat oder eine anderweitige Vortäuschung falscher Tatsachen vorliegen.

Letztlich müssen wir aber nach reiflicher Überlegung zugeben, dass sich ein Phänomen wie Manowar der wissenschaftlichen Betrachtung weitgehend entzieht. Manowar muss man einfach lieben. Oder hassen. Tertium non datur, you motherfuckers.

ZUSAMMENFASSUNG UND TIPPS

* Die wichtigsten Ingredienzien der Authentizität von Marken sind Beständigkeit, Originalität, Natürlichkeit und Zuverlässigkeit.
* Das Spiel mit der Hyperrealität, dem »Echter-als-echt-Sein«, ist ein zweischneidiges Schwert. Es erfordert hohe Kompetenz in der Kunst der (Selbst-)Inszenierung. Wie beschrieben, besteht die wichtigste Erfolgszutat darin, niemals (öffentlich) aus der Rolle zu fallen. Der Blick hinter die Kulissen der Inszenierung würde sie ihrer Magie berauben, die Projektionsfläche vernichten, auf der eine solche Marke ihre eigentliche Wirkung entfaltet.
* In dieser Hinsicht liegt eine große Herausforderung darin, größtmögliche Konsistenz und Kontinuität zu erreichen. Es darf im besten Fall weder Lücken in noch Zweifel an der Authentizität der Marke geben. Manowar sind eine B®and mit vier Menschen plus Team und Entourage – das ist schon kompliziert genug, aber dennoch überschaubar. Für eine globale Marke mit (unter Umständen) Tausenden von Repräsentanten ist es ungleich schwieriger, die lückenlose Inszenierung der Echtheit aufrechtzuerhalten.
* Neben einer guten markenspezifischen Ausbildung und erstklassigem Internal Branding kommt es nach unserem Dafürhalten vor allem auf die Qualität des Recruitings an. Überinszenierte Marken brauchen echte Fans als Mitarbeiter, nicht bloß Leute, die irgendwo ihren Lebensunterhalt verdienen möchten. Joey DeMaio lässt in Interviews bisweilen verlauten, er sei im Zweifel bereit, für den wahren Metal zu sterben. Vermutlich meint er das auch so. Sind Sie (und Ihre Mitarbeiter) bereit, alles, wirklich alles für Ihre Marke zu geben?
* Des Weiteren besteht die Gefahr, dass eine überinszenierte Marke letztlich in unfreiwillig komische Gefilde abrutscht.

Gerade die große Ernsthaftigkeit, mit der das Markenimage aufrechterhalten wird, kann dazu führen, dass es manchen Menschen schwerfällt, das Schauspiel ernst zu nehmen. Ein wohldosierter Hauch von Selbstironie kann diese Tendenz abfedern. Gleichzeitig darf dieses Element nicht überhandnehmen. Sonst läuft die Marke Gefahr, vollständig zu einer Parodie ihrer selbst zu werden. Und das ist nicht das eigentliche Ziel.

Schließlich sei angemerkt, dass durch den überhohen Anspruch an die eigene Authentizität eine ausgeprägte Fallhöhe aufgebaut wird. Wer vorgibt, ein erfolgskritisches Attribut in besonderem Maß zu verkörpern, lädt Skeptiker und Kritiker naturgemäß ein, noch genauer hinzuschauen. Das Damoklesschwert des Fake-Vorwurfs hängt nie besonders hoch über dem Kopf der Marke und ihrer Protagonisten. Wer predigt, aber den Worten keine korrespondierenden Taten folgen lässt, ist ratzfatz weg vom Fenster und kann Schwerter und Lederhosen an den Nagel hängen.

Kapitel Neun

INTEGRIEREN

WENN DU DER BIST, DEN ALLE LIEBHABEN

The pleasure is to play
Makes no difference what you say
(ACE OF SPADES | ACE OF SPADES, 1980)

Motörhead ist vermutlich die *eine* echte Lovebrand unter den Metal B®ands. Ein bisschen wie Nutella: Es steckt viel ungesundes Zeugs drin, aber so gut wie *jeder* findet's geil.[224] Macht glücklich, war schon immer da, geht auch nicht mehr weg.

Wenn Ian »Lemmy« Kilmister, Sänger, Bassist und Hauptkomponist von Motörhead, die folgenden Zeilen hätte lesen können, so hätte er uns vermutlich mit seinem Rickenbacker-Bass eins übergebraten. Da der gute Mann jedoch 2015, kurz nach seinem 70. Geburtstag, gestorben ist, kann er sich, wenn überhaupt, nur noch im Grabe umdrehen. Und selbst das ist unwahrscheinlich, da Lemmy eingeäschert wurde. Ein Teil seiner Asche wurde in Patronenhülsen gefüllt und an enge Freunde verteilt. Möglicherweise hätte er uns auch nur »verfluchte Bastarde« geschimpft und in seiner unnachahmlichen Art empfohlen, wir mögen uns zum Teufel scheren. Man weiß es nicht, aber es liegt im Bereich des Möglichen. Warum glauben wir das?

Nun, in diesem Buch geht es offensichtlich um Metal und um Marketing. An diesem Punkt ist es zum einen hilfreich zu wissen, dass der Brite sich zeitlebens verbal gewehrt hat, wenn Motörhead als Heavy-Metal-Band bezeichnet wurde. »We are Motörhead – and we play Rock'n'Roll!« Mit dieser Ansage wurde standardmäßig jedes Konzert der Combo eröffnet. In verschiedenen Interviews gab Kilmister zu Protokoll, dass er mit Metalbands nicht so viel anfangen könne. Das hat ihn allerdings a) nicht davon abgehalten, regelmäßig mit Metalbands auf Tour zu gehen und b) auch nicht verhindert, dass unsagbar viele Metalmusiker Motörhead zu ihren wichtigsten Einflüssen und Vorbildern zählen. Zum anderen hätte er sich höchstwahrscheinlich dagegen gesträubt, dass seine Band, sein Lebenswerk, mit Marketing-Chichi in Verbindung gebracht wird. Er hätte vermutlich gesagt, dass das »was für Weicheier ist« und sich dann wieder wichtigeren Dingen zugewendet, zum Beispiel dem nächsten Whiskey-Cola oder den von ihm heiß geliebten Glücksspielautomaten.

Trotz der latenten Furcht, von Lemmys heilig-zornigem Geist heimgesucht zu werden, widmen wir ihm und seinem Oeuvre die folgenden Abschnitte. Denn wie auch bei den anderen in diesem Buch vorgestellten Bands sind wir der Überzeugung, dass konventionelle Marken sich das eine oder andere bei dem wortgewaltigen Antihelden und seinen Mitstreitern abschauen können.

UNS IST HEUTE DER HEILAND GEBOREN

Lemmy ist die wichtigste Heiligenfigur der erweiterten Metalszene. Du kannst etwas gegen Iron Maiden sagen, und einige Menschen werden dir zustimmen. Du kannst gegen Metallica wettern,[225] und es werden dir unter Garantie viele Hände auf die Schulter klopfen. Aber gegen Motörhead, oder spezifischer, Lemmy zu haten: Das ist ein Anlass für die sofortige und unumstößliche Exkommunikation aus der weltweiten Metalgemeinde. Zu wichtig ist, zu verehrt und gottgleich ist seine Person.[226] Das gilt umso mehr für die Zeit seit seinem Ableben. In seiner Autobiografie *White Line Fever* hat er das augenzwinkernd vorhergesehen:[227]

Wenn du stirbst, wirst du natürlich um etwa achtundfünfzig Prozent brillanter. Du verkaufst mehr Platten und wirst absolut wunderbar […].

Aber kehren wir kurz zum Anfang zurück. Lemmy wird 1945 am Geburtstag des Heiland[228] in zerrüttete Verhältnisse in England geboren, der Vater verlässt Frau und Kind wenige Monate nach der Geburt. Er schmeißt die Schule und wird ein Rumtreiber, hält sich mit Gelegenheitsjobs über Wasser, entdeckt aber früh, dass Frauen offenbar auf Gitarristen stehen.[229] Also beschließt er, selbst einer zu werden. Seine frühe musikalische Leidenschaft gilt den Beatles, Elvis und Little Richard.

Lemmy spielt Gitarre in einer Reihe von semi-erfolgreichen Bands und arbeitet eine Zeit lang als Roadie auf den UK-Tourneen von Jimi Hendrix, bevor er Mitglied der Space-Rock-Band Hawkwind wird. Eigentlich bewirbt er sich dort 1971 um den Posten des Gitarristen, doch weil der Bassist der Gruppe zu einem Konzert nicht auftaucht, übernimmt er kurzerhand – ohne das Instrument zu beherrschen – die Position am Tieftöner. Mit Hawkwind nimmt er einige recht erfolgreiche Alben auf und geht auf verschiedene Tourneen. 1975 wird er jedoch aus der Band geschmissen, nachdem die kanadische Polizei ihn wegen Drogenbesitzes in Gewahrsam genommen hatte.

NICHT NUR FAST FURIOS

Lemmy lässt sich davon jedoch nicht unterkriegen und gründet nur wenige Wochen später seine eigene Band unter dem Namen Bastard, der jedoch bald darauf in Motörhead geändert wird. Nach den obligatorischen frühen Besetzungswechseln kommt es mit dem Gitarristen »Fast« Eddie Clarke und Drummer Phil »Philthy Animal« Taylor zur ersten stetigen – und in den Augen vieler Kritiker – wichtigsten Inkarnation der Band. Nachdem sie typische anfängliche Schwierigkeiten überwunden haben, nehmen die drei ihren ersten Longplayer auf. Viele Fans zeigen sich begeistert, die meisten Kritiker – wie bei vielen Frühwerken von herausragenden Bands – deutlich weniger.

Es folgen weitere, recht erfolgreiche Longplayer, ausgiebige Touraktivität und erste TV-Auftritte. 1980 veröffentlicht die Band schließlich das Album *Ace of Spades* mit der gleichnamigen Single, die den Briten ihren großen Durchbruch bescheren wird. Das Album erreicht Platz 4 der britischen Charts und wird schnell vergoldet. Das erste Livealbum *No Sleep'til Hammersmith* landet 1981 gar auf dem Spitzenplatz der UK-Charts. Im Sinne eines kommerziellen Erfolgs sollte der Band nie wieder ähnliches Glück beschieden sein, doch zusammen mit dem Nachfolger *Iron Fist* legt dieses Frühwerk den Grundstein für eine langlebige, äußerst einflussreiche Karriere in der harten Gitarrenmusik. Im Anschluss nimmt die Band wie ein Uhrwerk etwa alle zwei Jahre eine neue Scheibe auf und bereist den Globus. Am Ende wummern 23 Studioalben[230] und unzählige Liveaufnahmen sowie Kompilationen durch den Weltäther – bis Motörhead 2015, unmittelbar nach Lemmys Tod, aufgelöst wird. Zur letzten Inkarnation der Band gehören Phil Campbell (Gitarre ab 1984) und Mikkey Dee[231] (Drums ab 1992).

Der Sound von Motörhead war von Anfang an einzigartig. Zwar ist die Musik der Band in Blues und Rock'n'Roll verwurzelt, doch spielten die Mannen alles roher, dreckiger und oft schneller als das, was andere Bands in den späten Siebzigern und frühen Achtzigern auf den Markt warfen. Lemmy hatte große Sympathien für Punkmusik und verpasste dem in die Jahre gekommenen Rock'n'Roll ein paar amtliche Dosen Speed[232] und Rotzigkeit. Auffälligstes Merkmal – neben Lemmys eigentümlichem Bassspiel[233] – war sicherlich sein knarzig-röhrender Gesang, der unter anderem durch die besondere Position seines Mikros zustande kam.[234] Dieses war höher positioniert als bei anderen Sängern, weshalb Lemmy beim Singen permanent den Hals nach oben reckte.

Eine weitere Neuerung des Motörhead-Sounds war der regelmäßige Einsatz von Doublebass-Drumming – eine Technik, bei der die Basstrommel pro Zeiteinheit doppelt so oft angeschlagen wird wie im Rahmen üblicher Rock-Rhythmen. Grundsätzlich war diese Technik schon seit Jahrzehnten bekannt. Doch viele Metalmusiker geben an, zuallererst durch das Lied »Bomber« von Motörheads gleichnamigem 1979er Album auf diese Spielart aufmerksam geworden zu sein. Doublebass-Drumming verleiht der Musik einen hektischen, tief-wummernden Klang und ist heutzutage ein integraler Teil fast aller Metalgenres. Wie bereits im Kapitel über Metallica geschildert, fühlten sich die frühen Protagonisten der Thrash-Metal-Szene allerdings besonders zu diesem Klangbild hingezogen.[235] Manche Experten gehen so weit, zu behaupten, dass es den Thrash Metal als eigenständiges Genre ohne Motörhead nie gegeben hätte.[236]

HALBGOTT IN SCHWARZ

Trotz des unnachahmlichen Sounds ist der nachhaltige Erfolg von Motörhead letztlich nur durch die Person(a) von Lemmy Kilmister erklärbar. Da wäre zunächst sein einzigartiger Look: fast immer in Schwarz und Dunkelblau gekleidet, mit langen dunklen Haaren und wuchtigem Bart. Lemmy ging meist in dieser ihm eigentümlichen Melange aus Biker-, Trucker-, Cowboy- und Piratenoptik[237] aus dem Haus – und auf die Bühne. Zusammen mit seinem Rickenbacker-Bass entstand eine epochale Silhouette, ein Trademark, eine auf ewig überlebensgroße Rock'n'Roll-Ikone.

Nicht minder wichtig ist allerdings, dass Lemmy eine sehr irdische Gottheit war, ein Star zum Anfassen. 1990 zog er (permanent) nach Hollywood. Wenn er nicht auf Tour war, fand man ihn mit hoher Wahrscheinlichkeit im legendären Rainbow Bar & Grill vor seinem geliebten Spielautomaten. Er war immer offen für Fotos und einen kurzen Plausch mit Fans – sie mussten nur warten, bis er die jeweilige Runde zu Ende gezockt hatte. Aufgrund seiner schwarz-schillernden Persönlichkeit und seines beißenden Wortwitzes war er zudem ein gern gesehener Interviewpartner,[238] der es, als große Ausnahme im Metalzirkus, immer wieder auf Kultur- und Feuilleton-Seiten wichtiger Zeitungen schaffte.[239]

Wenn man Menschen, insbesondere auch andere Künstler, nach Motörhead fragt, erwähnen viele das Thema Authentizität, das Unverstellte und die Kompromisslosigkeit, mit der Lemmy sein Leben und seine Musik zelebriert hat. Die meisten Metalbands haben sich irgendwann in einem schwachen Moment dem Zeitgeist angedient. Metallica wurden in den Neunzigern rockig, Slayer bekamen kurz vor dem neuen Millennium einen Nu-Metal-Einschlag, Mötley Crüe und viele andere kuschelten mit dem Grunge.

Motörhead hingegen haben nie etwas an ihrem Klanggewand geändert,[240] sich nie irgendeinem Zeitgeist angepasst. Sie spielten immer (ihren) Rock'n'Roll. Auch Lemmy selbst hat sich nie von etwas oder jemandem abhängig gemacht,[241] hat sich nie gebunden, außer an seine Band und die Musik. Er begegnete dem Leben mal mit einem Lächeln und oft genug mit dem Stinkefinger, war dabei aber immer »ganz der Alte«. Vielleicht so, wie in einem Sinnspruch, der meist Ralph Waldo Emerson zugeschrieben wird: »Du selbst zu sein, in einer Welt, die dich ständig ändern will, ist die größte Errungenschaft.« Lemmy hat immer nur sich selbst gehört.[242] Und damit irgendwie: uns allen.

Diese innere und äußere Unabhängigkeit scheint eine große Faszination und Anziehungskraft auf »normale Menschen« auszuüben, die es gewohnt sind, ihr Leben und ihr Handeln immer wieder an die Erwartungen anderer anpassen zu müssen, um im Rahmen der (un-)geschriebenen Gesetzmäßigkeiten einer zivilisierten Gesellschaft überleben zu können. Lemmy hingegen erschien im Kontrast dazu ein Stück weit wie ein *unbewegter Beweger*, was auf seinen gottgleichen Status eingezahlt haben dürfte.

PERSON UND PERSONA WERDEN EINS

Ähnlich wie bei Manowar lebt der Mythos Lemmy von einer »Echter-als-echt-Dynamik«, allerdings mit einem entscheidenden Unterschied: Je länger die Geschichte lief, desto mehr verschmolz der Mensch Lemmy mit seiner öffentlichen Persona.[243] Der Soziologe Cenate Pruitt sieht hier …[244]

> die normalerweise flexible Grenze
> zwischen dem Darsteller und der Aufführung
> auf ein einziges unveränderliches Bild reduziert.

Dem Musiker scheint dieser Umstand durchaus bewusst gewesen zu sein. Einerseits beteuerte er immer wieder, sich zu hundert Prozent treu geblieben zu sein. Andererseits schreibt er mit aufrichtiger Klarheit in seiner Autobiografie:[245]

> Ich meine, ich bin ein Poser – was macht man in diesem
> Geschäft, wenn man kein Poser ist, nicht wahr?

GEBOREN UM ZU VERLIEREN, LEBEN UM ZU GEWINNEN

Das Leben als Spiel. Spielen, um zu leben. Das Spiel des Lebens, wie das Leben so spielt. Wir wissen nicht, ob sich Lemmy zu Lebzeiten für deutschen Fußball interessierte,[246] aber wenn, so stellen wir uns vor, wäre er St.-Pauli-Fan gewesen. Nicht erfolgsverwöhnt, aber grundehrlich und bodenständig (und der nächste Alk ist nicht weit weg). Vielleicht liegt darin das Geheimnis. Wenn jemand wie Lemmy Lemmy sein konnte, dann könnten wir alle es theoretisch auch sein, oder? Der Mann war durchschnittlich groß, durchschnittlich gut aussehend und ein durchschnittlich begabter Sänger. Wenn so ein *Jedermann* ein Rock'n'Roll-Hero werden und dabei tausend Frauen flachlegen konnte, dann kann *ich* das vielleicht auch?

Auf Lemmys Grabstein stehen die Worte *Born to lose, lived to win* – angelehnt an zwei Motörhead-Songs. Aus ihm hätte leicht ein Verlierer werden können. Er kam aus dem Nichts und die dunkle Seite der Macht war stark in ihm. Im Grunde ist es ein Wunder, dass er überhaupt älter als 30 Jahre geworden ist.[247] Aber er hat gewonnen: die Herzen[248] der Frauen, die Liebe der Fans, manchmal auch beim Glücksspiel, und immerhin einen Grammy. Schon vor seinem Tod war er mindestens ein Halbgott. Und wie viele der verdienten Halbgötter in der antiken Mythologie wurde er nach seinem Tod emporgehoben. »Ich möchte nicht für immer leben«, singt Lemmy in »Ace of Spades«. Doch dieser Wunsch wird ihm unerfüllt bleiben.

UND JETZT: WERBUNG

Manche Marketingentscheider und deren Datenanalysten würden ihre Phil-Collins-Deluxe-Albumkollektion und mehr dafür geben, wenn die Identifikation einer Lovebrand so einfach wäre wie auf einem Metalfestival. Der Kutte tragende Durchschnittsmetaller zeigt seine leidenschaftlichste Loyalität auf dem Rücken. Dieser Platz ist als Backpatch strikt für die Lieblingsband vorgesehen und wird auch nicht nach jedem Scheißalbum gewechselt. Diese Regel ist (obwohl Heavy Metal ja traditionell für Rebellion und Nonkonformismus steht) noch heiliger als zum Beispiel die, dass die Patches von Hand angenäht werden müssen. Oder die Kutte nicht gewaschen werden darf – ein Überbleibsel ihres Ursprungs.[249]

Viele Marken möchten eine Lovebrand sein. Der Begriff ist ein gar fürchterliches und fürchterlich abgenutztes Modewort geworden, denn logisch: Wer möchte nicht die höchste Stufe im Markenhimmel erklimmen und alle seine Kunden in beglückte Fan-Communities umwandeln? Und so kommt es, dass einige Marketingabteilungen sich schon erfolgstrunken auf dem besten Weg zur Liebesmarke sehen, wenn mehr als zehn Leute irgendetwas gelikt oder einen halbwegs positiven Kommentar hinterlassen haben. Oder sonst irgendwie klickbar »begeistert« waren.[250]

Im ursprünglichen und reinen Sinne ist eine Lovebrand als Quelle von Trost, Nostalgie und Identität also nur mit oben beschriebenen Hardcore-Lieblingsbands zu vergleichen. Denn, wer hingebungsvoller Huldiger ist, macht zuweilen ungewöhnliche Dinge für seine Herzensangelegenheit. Das hat meist herzlich wenig mit Logik zu tun. Wie zum Beispiel in ein anderes Land zu einem Auftritt pilgern. Oder die ganze Tour mitreisen. Oder herausfinden, dass das Lieblingsalbum eine verblüffende Synchronizität mit einem sehr alten Film eingeht, wie die Anhänger von »Dark Side of the

Rainbow«.[251] Oder sich die Lieblingsband, deren Logo oder gar die Antlitze der Musiker unter die Haut nageln lassen.

UNTER DIE HAUT

Aber gibt es diesen ultimativen Kniefall auch vor Lieblingsmarken? Einfach mal googeln: Apple plus Logo plus Tattoo. Oder BMW plus Tattoo. Oder sogar McDonalds plus Tattoo. Irre, oder? Funktioniert auch als Lackmustest für Ihre Marke. »Ihre Marke« + Tattoo. Na, wie sehr sind Sie im Skinvertising angekommen?

Auch wenn Lovebrands für jeden etwas anderes sind und wir auch hier die Fragmentierung der Gesellschaft bezeugen können, bleibt doch eines gleich: die tiefe emotionale Begeisterung, die oftmals am Rande der Vernunft kratzt. Das Fan(atisch)-Sein. Da werden schon mal Freunde und Feinde angebettelt, sich beim nächsten New York-Besuch in die Schlange vor den Supreme-Shop zu stellen, um irgendetwas von der neusten Kollektion zu horten, oder der Gegenwert eines Maledivenurlaubs bei einer Sneaker-Convention für den ultimativen Fetisch auf den Tisch gelegt. Unbedingtes *Habenwollen* ist in unserem Konsumverhalten zu einer wichtigen Sache geworden. Wie heißt das Zauberwort? SOFORT! Warum wir gewisse Marken dann zu unseren Lovebrands zählen, hat unterschiedliche Ursprünge und meistens mehrere kombinierte Beweggründe.

ERINNERUNGEN IN NUSS

Einige Lovebrands sind in Kindheitserinnerungen und Nostalgie verwurzelt, was meist ein lebenslanges Gefühl der emotionalen Bindung und Vertrautheit schafft. Besonders einfach verbinden wir positive Gefühle mit Essen. Was uns als Kinder schon geschmeckt hat, wird Jahre später nicht verschmäht werden. Aus diesem Grunde ist Nutella für die meisten von uns ein ewiger Kandidat in dieser Kategorie, wenn auch mittlerweile eher als Guilty Pleasure.

Von »Hast du's drauf?« mit der Nationalmannschaft (als gutes Gewissen) über »Der Morgen macht den Tag« bis zu »Beginne den Tag mit einem Lächeln« verhält sich die Ferrero-Marke kommunikativ eher harmlos beziehungsweise zurückhaltend und sorgt lieber dafür, dass die Regale weiter gut gefüllt sind. Auch mit unzähligen Spin-offs: Nutella Sticks, Muffins, Biskuits etc., etc.[252]

DADDELN

Lovebrands werden oft mit hochwertigen Produkten oder Dienstleistungen in Verbindung gebracht, was sie begehrenswerter machen kann. Die Sony Playstation ist der Traum eines jeden Werbers beziehungsweise Kreativen.[253] Die Konsole steht als Synonym für eine Box der Pandora, die – einmal geöffnet – keine Fantasiegrenzen kennt. Der Schlüssel zu tausend Welten, Figuren, Systemen und Wettbewerben. Wer nicht gerade Hardcore-PC-Zocker mit Wasserkühler ist, öffnet mit den ikonischen vier Geometriesymbolen seine ganz eigene Welt: »Play has no limits«. Vielleicht wird auch deshalb in der Kommunikation eher geklotzt als gekleckert. »For the players« eben, denn die sind geilen Content gewohnt.[254]

NICHT LEICHT ZU HABEN

Einige Lovebrands haben den Ruf, exklusiv oder schwer zu bekommen zu sein, was sie für die Verbraucher begehrenswerter machen kann. Hier ist fast jede Luxusmodemarke als Untersuchungsobjekt geeignet. Die Fashionkommunikation ist der Kunst und der Musik näher als der Werbung. Meistens ist keine Agentur im Entstehungsprozess zugeschaltet. Stattdessen trifft sich der Kreativdirektor der Marke mit einem Regisseur oder Musiker, und in diesem kleinen Reaktorraum entsteht die nächste Kampagne für oftmals streng limitierte Stücke.[255] Je schwieriger zu bekommen, desto besser.[256]

SO WERTVOLL WIE EIN KLEINES TOFU-STEAK

Lovebrands stimmen oft mit den persönlichen Werten einer Person überein, zum Beispiel Nachhaltigkeit, Ethik oder soziale Verantwortung, was ein Gefühl der Verbundenheit und Loyalität schaffen kann. Wer Patagonia kauft, entscheidet sich für eine Haltung. Der bekundet: Das Schicksal der Erde ist mir wichtig, auch ohne mich irgendwo festzukleben. Nicht nur, weil ich gerne in ihr umherstreife. Das meiste Augenmerk liegt bei Patagonia auf PR. Dazu zählt auch, die Leute gemäß der Aussage »Buy less, demand more« zu Nachhaltigkeit statt blindem Konsum aufzufordern. Das ist bemerkenswert. Und die Marke liebt zurück, indem sie große PR-Stories wie das gestiftete Vermögen des Gründers oder politische Einmischung in den Fokus seiner Kommunikation stellt.[257]

GIB MIR EIN »M«

Lovebrands haben oft den Ruf, vertrauenswürdig und zuverlässig zu sein, was bei den Konsumenten ein Gefühl der Sicherheit und des Vertrauens hervorrufen kann. Wer bei McDonalds isst, weiß, was er hat. Überall auf der Welt schmeckt das Zeug gleich – und das ist gut so. Die Kommunikation ist fröhlich, bunt und bei Award Shows meistens sehr grafisch und schlau. Im Gegensatz zu vielen ihrer Konkurrenten hatten sie nie mit größeren Hygieneskandalen zu kämpfen. Man merkt der Marke erst mal nicht an, dass sie sich aktuell mit den geänderten Essgewohnheiten der westlichen Welt eher schwerer tut. Man kann der Marke gerne kritisch gegenüberstehen (falls sie den Wandel nicht schaffen sollte), aber wer schon einmal in einem fremden Land mit viel Hunger obskure Garküchen abgeklappert hat, der freute sich über die Neonversion der goldenen Bögen. Und verschob die kulinarische Neugier auf den nächsten Tag.[258]

GENIUS

Einige Lovebrands werden mit Innovation und Spitzentechnologie in Verbindung gebracht, was ein Motivationsfaktor für Verbraucher sein kann, die bei neuen Trends ganz vorne mit dabei sein wollen. Wie sich Apple an jedem Touchpoint »anfühlt« (Markenkonzept, Werbung, Shops, UX, Produktdesign), das ist einfach einzigartig und hat sie zur größten Lovebrand aller Zeiten gemacht. Und weil die Marke eine solche Strahlkraft hat, bekommt sie auch alle Künstler, Musiker und sonstige Celebrities, die gerne als Testimonial (oder Influencer, je nachdem, welchem Jahrgang sie angehören) herhalten wollen. Denn wer für Apple werben darf, hat es geschafft. Man möge sich das einmal auf der Pommesgabel zergehen lassen.

Und während noch alle wegen Napster auf Metallica einhieben oder über den Niedergang der Phonoindustrie durch Piraterie diskutierten, kam Apple mit dem iTunes Store daher. Ein Song für einen Euro, das schien fair zu sein und läutete im Handumdrehen die Ära des Streamings ein. Ob die von namhaften Regisseuren inszenierten Produktdemos »Shot on iPhone«, das knapp neunminütige Lehrstück für Storytelling »Escape from the Office« oder eine spektakuläre Halftime-Show mit Rihanna: Alles bei Apple ist next level.[259]

PROMILLE PLUS DEZIBEL

Einige Lovebrands werden mit einem bestimmten Status oder einer sozialen Schicht assoziiert, was für manche Verbraucher ein Motiv sein kann, ihnen zu folgen. Bandspirituosen sind beispielsweise ein ambivalentes, aber lohnendes Phänomen. Der Konsum von Alkohol gehört zur Starkstrommusik wie Marshall-Verstärker. Die Begeisterung für gelabelte Flaschen- oder Dosengeister ist aber relativ neu. Angezettelt wurde diese Abteilung des Merchandise 1996 durch Sammy Hagar mit seinem »Cabo Wabo Tequila«, der aber noch einen Eigennamen hatte, da er als Haus-Tequila für seinen gleichnamigen »Cabo Wabo Club« gedacht war.

Still, heimlich und unter Zutun von natürlich den unermüdlichen Eisernen Jungfrauen breitet sich die Sitte aus, dass fast jede Band, die bei Drei nicht auf dem Baum ist, einen eigenen »Rock'n'Roll-Spirit« anbietet. Was Sinn macht. Schließlich wird Schwermetall traditionell mit Alkohol hergestellt und anschließend konsumiert. Leute wie Ozzy, Marilyn Manson und Lemmy mögen als ursprüngliche Testimonials vielleicht noch für eine gewisse Kennerschaft stehen, aber ein Wein von Accept? Das muss dann tatsächlich Liebe sein.[260]

BLICK IN DIE FORSCHUNG

Wie zu Anfang des Kapitels erwähnt: Auf keine andere Metalband in diesem Buch trifft die Idee einer Lovebrand besser zu als auf Motörhead. Es ist in der Forschung schon lange bekannt, dass Menschen dazu tendieren, manche Marken nicht nur aus Nützlichkeitserwägungen, sondern auch aus emotionalen Beweggründen zu schätzen. Einige werden für uns sogar wie Freunde (Ohlwein & Bruno, 2022). Batra und Kollegen haben vorgeschlagen, dass sich die Beziehung zwischen Konsumenten und Marken unter gewissen Umständen sogar in Richtung einer Form von *Liebe* entwickeln kann. Diese zeichnet sich durch vier übergreifende Merkmale aus (2012, S. 10).

- Eine allgemein hohe positiv-emotionale Aufladung der Beziehung zwischen Mensch und Marke.
- Ein hohes Commitment und ein geradezu leidenschaftliches Verlangen, die Marke zu nutzen bzw. mit ihr in Kontakt zu sein.
- Eine Form der Integration zwischen Markenpersönlichkeit und eigener Identität, die sich u. a. darin äußert, dass die Marke das gegenwärtige Selbstkonzept stärkt oder wünschenswerte Extensionen des eigenen Selbst ermöglicht.

* Schließlich wird Markenliebe wie eine Langzeitbeziehung erfahren. Man wähnt sich in einer Partnerschaft mit der Marke und kann sogar eine Form der Trennungsangst empfinden, wenn sie nicht zur Verfügung steht.

Einige Forscher gehen so weit, die Beziehung zwischen Konsumenten und Marken in bestimmten Fällen mit einer *religiösen* Erfahrung gleichzusetzen. Die Idee ist also, dass die Marke und/oder zugehörige Protagonisten im wahrsten Sinne des Wortes angebetet werden, auch gemeinschaftlich im Sinne eines Gottesdienstes. Wenn die Beziehung derart intensiv ist, wird der Marke und ihren Repräsentanten mit gewisser Wahrscheinlichkeit sogar gravierendes Fehlverhalten verziehen – so wie die Motörhead-Fans auch über manches fragwürdige Verhalten von Lemmy zu Lebzeiten hinwegsahen (Wilson & Liu, 2009).

Ein Schlüssel zu dieser Form der Verehrung ist das Kreieren von gemeinschaftlichen Markenerlebnissen im Sinne eines kollektiven Rituals. Wie bei einem guten Konzert wird der Bund zwischen Konsumenten und Marke im Rahmen solcher Resonanzerfahrung erneuert und vertieft. Bis zu dem Punkt, wo man selbst ein kleiner Teil der Markenhistorie geworden ist (man denke an die früheren Präsentationen neuer Apple-Produkte durch Steve Jobs).

Neben dem bereits angesprochenen Aspekt der Selbstidentifikation beziehungsweise -erweiterung geht die quasireligiöse Markenverehrung unter gewissen Umständen so weit, dass Konsumenten einen Teil ihres Lebenssinns durch die besondere Resonanz zwischen ihrem Selbst und dem Erleben der Marke erfahren. Dies scheint vor allem dann der Fall zu sein, wenn die Marke – wie bei Motörhead – durch einen menschlichen Fokuspunkt, einen »Brand Hero«, personifiziert wird (Wang et al., 2018, S. 741). Dieser Markenheld stärkt die quasireligiöse Bindung zur Marke, indem die Geschichten seiner Bravourstücke von Fan zu Fan weitererzählt werden. Bis zu dem Punkt, wo sie den Status von Erlösernarrativen erhalten. (»Ohne die Musik von Motörhead wäre ich vermutlich nicht mehr am Leben ...«)

Wir geben freimütig zu, dass nur wenige konventionelle Marken jemals in der Lage sein werden, einen solch gottgleichen Status zu erreichen – doch es ist auf jeden Fall ein erstrebenswertes Ziel. Lemmy hatte nichts zu verlieren und vieles gewonnen. Warum ihm nicht nacheifern, wenigstens ein bisschen?

ZUSAMMENFASSUNG UND TIPPS

* Zunächst: Zu einer echten Lovebrand und integrativen Kraft in einem gegebenen Marktsegment wird man nicht über Nacht. Es erfordert eine große Menge an Kraft, Ausdauer und Konstanz, um diesen Weg zu beschreiten.
* Wie bei vielen Prinzipien der Positionierung ist ein Höchstmaß an Authentizität vonnöten. Die Anmutung von Unverstelltheit ist von besonderer Bedeutung, da die Beziehung zu einer Lovebrand durch ein besonders ausgeprägtes Vertrauensverhältnis geprägt ist, nicht einfach nur durch die Nutzung eines Produkts oder einer Dienstleitung.
* Mit diesem Anspruch geht einher, dass echte Lovebrands immer ein Stück weit konservativ agieren müssen. Veränderung beim Design, bei der Rezeptur oder sonstigen Kernbestandteilen dürfen, wenn überhaupt, nur sehr behutsam eingebracht werden. Man möchte ja auch nicht, dass der Lebenspartner oder der beste Freund vom einen auf den anderen Tag eine völlig andere Person wird.
* Ähnlich wie bei der Underdog-Positionierung (siehe das Kapitel zu Megadeth) ist eine entsprechende Hintergrundgeschichte hilfreich. Aus dem Volk, für das Volk, so könnte die Devise lauten. Luxusmarken entfalten zwar auch eine hohe Anziehungskraft, aber sie stehen gewissermaßen über dem Konsumenten – ansonsten würden wir sie nicht als »außergewöhnlich« empfinden.
* Im Sinne des vorgenannten Punkts muss eine Lovebrand zugänglich sein. Anders ausgedrückt: Sie darf nicht abgehoben oder distanziert wirken. Der Mensch muss das Gefühl haben, in einer Form der persönlichen Beziehung mit der Marke zu stehen. Dies kann nur funktionieren, wenn die Markenpersönlichkeit grundsätzlich zugänglich und von freundlicher Natur ist.

- Ein weiterer Schlüssel ist das Etablieren von gemeinsamen Erlebnissen mit der Marke. Eine Lovebrand will regelmäßig zelebriert werden. In der kollektiven »Anbetung« wird der Markenkern immer wieder mit Emotionen aufgeladen. Diese gemeinsam durchlebten Geschichten werden von Fan zu Fan weitergetragen und halten das Markenversprechen am Leben, selbst wenn die Marke zwischenzeitlich nicht verfügbar ist.
- Es scheint hilfreich zu sein, gezielt Markenhelden für die Etablierung von Lovebrands aufzubauen. Diese erhöhen die Identifikation und fungieren als Fokus für die emotionale Bindung an die Marke (bzw. das Produkt oder eine Dienstleistung). Will eine Marke »wie ein Freund« sein, so ergibt es Sinn, wenn man diese auch hören, sehen und gegebenenfalls anfassen kann.

Kapitel Zehn

RENÖVIEREN

WENN DU IMMER, IMMER WIEDERKOMMST

When we started this band all we needed, needed was a laugh
Years gone by, I'd say we've kicked some ass
(KICKSTART MY HEART | DR. FEELGOOD, 1989)

Nico hat in seiner Kindheit viele, viele Wochenenden bei den Großeltern verbracht. Seine Eltern lieferten ihn am Freitagabend am Haus von Oma und Opa ab, holten ihn Samstagmittag wieder nach Hause, um ihn abends erneut abzuliefern. Dies sollte sich ständig wiederholen, bis zur frühen Jugend. Fast jeder Abend begann mit dem gleichen Ritual: Opa Walter wurde aus der Kneipe umme Ecke abgeholt. Dort, ein paar Hundert Meter von der Wohnung entfernt, saß er mit anderen Opas und war am Knobeln. Dabei trank man natürlich Bier – und auch den einen oder anderen Jägermeister. So war das in den Achtzigern. Jägermeister war ein Getränk für Opas. Kein Mensch unter 60, der halbwegs auf Coolness bedacht war, hätte den Quasihustensaft auch nur mit der Kneifzange angefasst.

Dieser Tage ist das offensichtlich anders. Heute ist es auch beim Jungvolk absolut hip, Kräuterlikör zu trinken, gerne gemischt mit Cola, Orangensaft oder auch im Kakao.[261] Im Laufe der 1990er und frühen Zweitausenderjahre hat sich die Marke einer Verjüngungskur unterzogen, wobei Geschmack und Design weitgehend unangetastet blieben. Durch verstärkte Promotion in der Gastronomie, Sponsoring von Musikevents und augenzwinkernden TV-Spots gelang ein Turnaround der Traditionsmarke.[262]

DU HAST DIE HAARE SCHÖN

Dieser Songtitel bietet eine wunderbare Überleitung zu einer weiteren Metal B®and: Mötley Crüe.[263] Für alle Leser, die nicht (oder nicht mehr) mit der Gruppe vertraut sind, hier die Vorstellung der Combo. Die Band war bekannt für ihre hochtoupierten Haare, mehr Make-up als Lady Gaga bei einer Abendgala, und dazu jede Menge Sex, Drugs & Rock'n'Roll, in den Lyrics und auch im richtigen Leben.[264] Genau auf diesen Grundfesten fußt die mittlerweile mehr als 40 Jahre währende Karriere von Mötley Crüe. Gegründet mit Anfang 20 vom juvenilen Rumtreiber Nikki Sixx (Bassist und Hauptkomponist) und dem hervorragenden Drummer Tommy Lee – und alsbald komplettiert durch den deutlich älteren Gitarristen Mick Mars sowie den leidlich talentierten, aber hübsch anzusehenden Sänger Vince Neil[265] – machte der »bunte Haufen« ab 1981 den sagenumwobenen Sunset Strip in Hollywood unsicher.

Mötley Crüe sind der Inbegriff des Glam Metal, einer Spielart der härteren Gitarrenmusik, die für ein knappes Jahrzehnt hochpopulär war und – zusammen mit dem Aufstieg von MTV in den USA – dafür gesorgt hat, dass die androgynen Haarsprayfreaks bis heute über 100 Millionen Platten verkauft haben. Danach sah es zu Beginn nicht aus, denn die Karriere der Band startete zu einer Zeit, als der Metal eigentlich tot sein sollte.

Kein Label wollte die Gruppe an Bord holen, obwohl sie regelmäßig legendäre Locations wie das Whisky A Go Go oder das Roxy Theatre ausverkauften. Somit erschien das Debut *Too Fast for Love* zunächst auf einem eigenen Label, bevor sie von Elektra aufgenommen wurden und das Album 1982 endlich auch bei einer großen Firma veröffentlicht wurde. Die folgenden zehn Jahre waren eine nicht enden wollende, von Alkohol, harten Drogen und Sperma nur so triefende Farce des Rock'n'Roll, verewigt in der Biografie *The Dirt* von 2001. Bandleader Nikki Sixx schreibt darin über die frühen Jahre:[266]

> **Wenn wir zusammen um die Häuser zogen, vier männliche Degenerierte, die wie weibliche Schlampen gekleidet waren, wurden die Menschen von unserer Energie angezogen. […] Es fühlte sich an, als würden wir die Könige von L.A. werden. Uns schien, als wollte jeder Typ wie wir sein und jede Tussi uns ficken, und alles, was wir tun mussten, war einfach eine Band zu sein.**

Ihren großen Durchbruch feierten Mötley Crüe auf einem mehrtägigen US-Festival im Mai 1983. Am zweiten Tag, dem Heavy Metal Day, teilte sich die Band die Bühne unter anderem mit Ozzy Osbourne, Judas Priest und Van Halen, den größten Metalkapellen jener Zeit. Die Crüe spielte vor über 100.000 Fans, und obwohl die Performance in spielerischer Hinsicht ziemlich unterirdisch war, zogen sie das Publikum mit ihrer wilden Show und dem ungewöhnlichen Look auf ihre Seite. Danach gab es kein Halten mehr.

Alle kommenden Alben einschließlich des 1989er Werks *Dr. Feelgood* wurden in den USA mehrfach mit Platin ausgezeichnet. Der musikalische Erfolg machte die Bandmitglieder binnen kurzer Zeit zu Multimillionären. Zudem dateten und/oder heirateten sie Models und berühmte Schauspielerinnen,[267] was sie aber nicht davon abhielt, auf den diversen Tourneen jede Frau zu vögeln, die nicht bei drei[268] auf dem Baum war. Mit ihrem Konsum von Rauschmitteln und Penicillin (gegen die Geschlechtskrankheiten) hielt die Band, ähnlich wie Black Sabbath ein Jahrzehnt zuvor, zumindest gefühlt mehrere kolumbianische Drogen- sowie kalifornische Ärztekartelle am Leben.[269]

DIE MOTTENKISTE DER BÖSEN JUNGS

Neben den unbestreitbaren Showman-Qualitäten auf der Bühne[270] sorgte die Band (beziehungsweise das Management) schon früh und strategisch mit allerlei Brimborium für Aufmerksamkeit in den Medien. Da wären die für eine ordentliche Rockband im Grunde schon obligatorischen Hotelzimmer-Verwüstungen. Auf einer der ersten Tourneen durch Kanada im Frühsommer 1982 gab es zudem ein fingiertes Bombenattentat auf ein Konzert in Edmonton. Schon bei der Einreise wurde die Band am Flughafen kurzfristig in Gewahrsam genommen. Dabei sollen jede Menge Nietengürtel sowie eine exquisite Auswahl an Pornoheften konfisziert worden sein. Die Combo beließ es allerdings nicht bei derlei Sperenzchen. Eher scheint es so, als hätten sich Rammstein in puncto Bühnenshow später ein paar Takte bei der Crüe abgeschaut: Schon als die Band noch in kleinen Burgerbuden auftrat, wurde Nikki Sixx regelmäßig in Brand gesteckt, später kamen reichlich klassische Pyros und ein flammenwerfender Bass hinzu.

Auch Tommy Lee ließ sich selten zweimal bitten. Sein Drumset wurde im Lauf seiner Karriere immer wieder auf den wildesten Konstruktionen befestigt. So gehörte jahrelang ein Drumsolo zu jeder Show, das er kopfüber hängend absolvierte. Auf der ursprünglich als solche geplanten Abschiedstournee im Jahr 2015 wurde sein Drumkit sogar auf einer achterbahnartigen Konstruktion namens *Crüecifly* befestigt. Ausgerechnet bei der finalen Show in Los Angeles am Silvesterabend versagte die Technik. Lee steckte etwa 30 Sekunden lang kopfüber fest, bis er von Mitgliedern der Crew befreit werden konnte. Going out with a hang!

ZURÜCK VON DEN TOTEN

Die Jahre nach dem Megaerfolg in den wilden Achtzigern waren hingegen von wechselhafter Natur. 1992 verließ Sänger Vince Neil die Band, um eine Solokarriere zu verfolgen. Der Glam

Metal (auch gern despektierlich als Hair Metal bezeichnet) wurde, wie viele andere Spielarten der harten Gitarrenmusik, für einige Jahre vom Seattle-Grunge verdrängt. Ein Crüe-Album von 1994, das sich an diesen Stil anbiederte und mit einem anderen Sänger aufgenommen wurde, floppte weitgehend. Neil kehrte zurück, aber das 1997er Album *Generation Swine* konnte auch nicht wirklich an alte Erfolge anknüpfen.

1999 verließ dann Tommy Lee ebenfalls wegen einer Solokarriere die Band, um einige Jahre später passend zu einem recht erfolgreichen Best-of-Album und zugehöriger Tour zurückzukehren. Anfang der Zweitausender war die Band jedoch für einige Jahre weitgehend inaktiv. Nach dem Comeback 2005 folgte 2008 das letzte, mäßig erfolgreiche Studioalbum *Saints of Los Angeles*. Bis zur bereits erwähnten Abschiedstour im Jahr 2015 tourte die Band hin und wieder, veröffentlichte aber nur noch vereinzelt neue Songs. Dann sollte eigentlich Schuss sein.

Aber die Crüe als solche ist ganz eindeutig nicht tot zu kriegen. Wie Roland Kaiser, der mit über 70 und zweiter Lunge noch dick im Geschäft ist.[271] Das ist auch kein Wunder, denn die Bandmitglieder haben mehr Erfahrung im Wiederauferstehen als der Sohn Gottes. 1986 verpasste sich Nikki Sixx im Haus eines Dealers eine Überdosis Heroin. Der hielt ihn für tot und versenkte ihn nach stümperhaften Wiederbelebungsversuchen in einem Müllcontainer, wo die Lebensgeister alsbald wieder zurückkehrten. Einen Tag vor Heiligabend 1987 wiederholte sich das Fiasko in einem Hotelzimmer, angeblich im Beisein des Guns'n'Roses-Gitarristen Slash (und weiterer Musiker), der davon aber nicht viel mitbekommen haben will. Jedenfalls war Sixx rund zwei Minuten lang klinisch tot, bevor er im Krankenwagen durch zwei Adrenalininjektionen wiederbelebt werden konnte. Das Ereignis diente dem Bassisten als Inspiration für den Song »Kickstart My Heart« von *Dr. Feelgood*. Sterben ist gar nicht so schlecht, wenn man es mit Humor nimmt.[272]

Der (immer wieder) depressive Gitarrist Mick Mars versuchte bereits im Dezember 1984, sich erfolglos im Meer zu ertränken, wurde aber Stunden später mehr oder weniger bewusstlos wieder an Land gespült.[273] Am gleichen Abend ereignete sich das wohl düsterste Kapitel der Bandgeschichte. Sänger Vince Neil verursachte in seinem neuen Sportwagen unter Drogeneinfluss einen schweren Zusammenstoß mit einem anderen Auto. Dessen zwei Insassen überlebten schwerverletzt, er selbst bekam vergleichsweise wenig ab. Weniger Glück hatte Neils Beifahrer Nicholas »Razzle« Dingley, Drummer der befreundeten Band Hanoi Rocks. Er starb einige Stunden später in einem Krankenhaus. Neil ging anschließend in seinen ersten Entzug und einige Zeit später für rund zwei Wochen ins Gefängnis.[274]

SCHMUTZIG ZUM COMEBACK

Im Jahr 2001 erschien die Biografie *The Dirt*, die alle Bandmitglieder mithilfe des Journalisten Neil Strauss und mit Beteiligung ehemaliger Manager zu Papier brachten. Das Werk schildert den Aufstieg und die Hochphase der Band, aber auch Krisenerfahrungen wie den Herzstillstand von Nikki Sixx oder den Krebstod von Vince Neils junger Tochter im Jahr 1995. Das Werk wurde damals ein *New York Times*-Bestseller. Wenig später sollte eine Verfilmung in Angriff genommen werden, aber das Projekt wurde immer wieder verschoben.

2017 kaufte Netflix schließlich die Rechte an dem Buch und setzte das Projekt um, mit einer ordentlichen Portion Humor – und definitiv nicht jugendfrei. Obwohl der Film hauptsächlich negative Kritiken erhielt,[275] erzeugte er 2019 genug Aufmerksamkeit, um die Band, die sich schon im selbst gewählten Ruhestand befand, zu einem Comeback zu bewegen. Der Soundtrack mit alten Gassenhauern und einigen wenigen neuen Songs schaffte es auf Platz 10 der US-Charts.

ZWISCHEN NOSTALGIE UND NEUERFINDUNG

Zwar musste die geplante Reunion-Tour durch Nordamerika mehrfach wegen der Coronapandemie verschoben werden, doch schließlich konnte die große Sause Sommer 2022 starten, im Doppelpack mit Def Leppard sowie Unterstützung von Poison (eine weitere bekannte Achtziger-Glam-Metal-Band) und Joan Jett (»I Love Rock'n'Roll«). Ein echtes Nostalgie-Allstarpaket also. Das Ganze fand vor jeweils 25.000 bis über 60.000 Zuschauern statt und spielte in Summe zwischen 150 und 200 Millionen Dollar ein. Gar nicht schlecht für eine Bande von Senioren, die sich eigentlich schon aufs Altenteil zurückgezogen hatten. Im Sommer 2023 will der bunten Haufen dann auch erneut Europa unsicher machen.[276]

Mötley Crüe stehen also Pate für viele Marken, die es auf die eine oder andere Weise geschafft haben, sich erfolgreich wiederzubeleben. Ein eindringliches Beispiel aus der nichtmetallischen Welt ist der Comic-Verlag Marvel, den es in den Neunzigern aus verschiedenen Gründen fast dahingerafft hätte. Die Marke hat es jedoch geschafft, sich mit Uraltstoffen als filmisches Powerhouse für die »Generation Netflix« neu zu erfinden.[277]

Die Spanne reicht von der rein nostalgischen Positionierung ohne Kompromisse und Aktualisierungen bis hin zur kompletten Neuerfindung einer Brand, bei der vielleicht nur noch der Markenname übrig bleibt, um Kontinuität anzudeuten, ansonsten aber kein Stein auf dem anderen bleibt. Uns scheint, dass Mötley Crüe hier erfolgreich das Beste aus beiden Enden dieses Kontinuums herausgeholt haben: Sie bedienen ihre mitgealterten Fans, die sich auf einem Konzert für 90 Minuten wieder wie Anfang 20 fühlen dürfen. Gleichzeitig haben sie es bewerkstelligt, einen Teil des jungen Netflix-Publikums für sich zu gewinnen. Und so mögen sich auf den Konzerten nun Väter und Söhne[278] einträchtig singend in den Armen liegen und die alten und neuen Götter des Rock'n'Roll hochleben lassen.

UND JETZT: WERBUNG

Für eine amtliche Markenrenovierung gelten einige Spielregeln. Die Marke muss zu ihrer Gründerzeit stark gewesen sein. Die Marke muss zwischenzeitlich vom Markt verschwunden, aber trotzdem in Erinnerung geblieben sein. Die Marke muss bei ihrer Wiedereinführung an eine Geschichte anknüpfen und auf eigenen Füßen stehen bzw. einem neuen Verwendungszweck zugeführt werden können.

Um eine Marke immer wieder neu zu beleben und sie an wechselnde Zeiten anzupassen, braucht man neben dem richtigen Riecher und ständiger Achtsamkeit auch: Glück. Mit Marketing allein schafft man es nicht, Kutteln mit Speckknödeln wieder hip zu machen. Jägermeister wird natürlich gerne herangezogen, wenn es um die Wiederbelebung von Marken geht. Nahtlos könnte man auch Carrera, Creme 21, Sinalco, Afri Cola, Ahoi Brause und auch die Neuauflagen von VW Käfer, Mini oder Fiat 500 anfügen. Und wie fast alles, was mit Retro zu tun hat, waren diese Wiederbelebungen von Erfolg gekrönt.[279]

BLEIBT ALLES ANDERS

Mötley Crüe waren in einem Punkt hochgradig bahnbrechend: Sie gaben sich nicht nur »authentisch, wild und kantig« (die Markenwerte von Jägermeister), sie verwendeten gegen alle Branchenregeln für jedes neue Album einen anderen Logoentwurf. Neues wagen und sich dabei treu bleiben. Wie im täglichen Agenturleben war der Aufschrei der Bedenkenträger (in der Plattenfirma) am lautesten.[280] Denn ein Logo in die Köpfe der Leute zu platzieren, galt als erster Schritt auf dem Weg zur Weltdomination. Vor allem im Metal, wo Logos nicht nur Schriftzüge, sondern auf Patches zur Schau gestellte Weltanschauungen sind. Aber: Sie ließen sich nicht beirren.

Ein Merkmal, dank dem die Crüe neben aller Nostalgie immer relevant blieben, fußt auf der Tatsache, dass unsere geliebten Sleaze-Brüder aus Hollywood auch ihren Stil von Platte zu Platte änderten: vom punk-aerosmithigen *Too Fast for Love* über die zeitgeistige Satansanbetung *Shout at the Devil* und sleazigen Blues-Hardrock auf *Theater of Pain* bis hin zu peinlichen Industrialversuchen für *Generation Swine*. Böse gesagt: Sie hielten ihr Fähnchen in den Wind. Der Kern der ehemals gefährlichsten Band der Welt bestand weiterhin aus stadionkompatiblen Mitgröhlsongs, die sie den wechselnden Zeitgeistströmungen anpassten. Lieber wechselhaft als angestaubt.

JÄGERMEISTERHAFT

Wie Jägermeister. Deren großes Kunststück war nicht nur der enorme Hype um die Jahrtausendwende. Die Marke kämpfte seit ihren Anfängen immer wieder gegen Angestaubtheit oder schlechtes Image (in den Vierzigerjahren zum Beispiel gegen Sympathisant-Göring-Image und in verlässlichen Abständen gegen eine immer wiederkehrende »Von-gestern«-Anmutung). Doch sie befreite sich im Laufe der Jahrzehnte mithilfe von innovativen Kommunikations- und Marketingmaßnahmen aus jeder Retro-Umklammerung. Gemäß dem Motto: Wenn du das Produkt nicht ändern kannst/willst/musst, dann stelle es immer wieder in ein neues Licht.

Wie der weitsichtige Chef Günter Mast schon 1967 zum Thema Staub überlegte: »Wir müssen mit unserer Werbung mehr Staub aufwirbeln.« Gefolgt von der sehr visionären Aussage: »Wir verstärken unseren werblichen Effekt zweifellos auch dann, wenn überhaupt über unsere Werbung mehr diskutiert wird als bisher.« Durch die Idee, sein Logo auf die Trikots des 1. FC Braunschweig zu drucken, erfand er so nebenher die Kommerzialisierung der Fußball-Bundesliga. Möglich wurde das durch ein Schlupfloch in den DFB-Regularien, denn Trikotwerbung war zwar verboten –

vom Austausch des Vereinswappens gegen den Hubertus-Hirschen stand aber nirgends etwas. Und so lief 1973 mit Eintracht Braunschweig erstmals in der deutschen Fußballgeschichte ein Team mit Trikotwerbung in ein Stadion ein.

Die kultig orangenen Rennwagen verschiedener Klassen (das Markengrün war Herrn Mast zu unauffällig) wurden genauso legendär wie die von 1975 bis 1983[281] laufende und extrem revolutionäre Kampagne, erdacht von der damaligen Kaderschmiede GGK Düsseldorf, deren Idee es war, ausschließlich echte Menschen statt Fotomodellen abzubilden. In jeder Anzeige wurde jemand gezeigt, der Jägermeister trinkt und irgendeine Begründung dafür abgibt, die witzig ist – schließlich ist es Schnapswerbung. Jede Anzeige war ein Unikat, das man nur ein einziges Mal veröffentlichte. Das Ganze wurde unterschrieben mit dem Konzeptsätzchen: »Jägermeister. Einer für alle.« Beispiele: »Ich trinke Jägermeister, weil ich zwar den Numerus clausus nicht geschafft habe, aber die Nummer mit Klaus.« Oder: »Ich trinke Jägermeister, weil ich nicht gerne mit Blumen sage, was ich auch mit Kräutern sagen kann.«

RE-BORN IN THE U.S.A.

In den späten 1980ern verstaubte die Marke dann wieder. Man versuchte verzweifelt, Jägermeister als Mixgetränk zu etablieren, indem man den Likör aus Wolfenbüttel beinahe verzweifelt als Long-Drink-Mixtinktur bewarb.[282] Das hat damals allerdings niemanden interessiert – genau wie Mötley Crües Album mit dem Vince-Neil-Ersatz John Corabi. Doch vom heimischen Markt fast unbemerkt, breitete sich der Likör als Mischgetränk in den USA aus, dank der Hilfe eines einzigen cleveren Vertrieblers: Sidney Frank. Das Zeug wurde dort still und schnell zum absoluten Kultgetränk, ohne dass irgendein Marketingmensch es forciert, platziert, gewollt oder in seiner letztlichen Dimension erkannt hatte. Der Erfolg fußte auf der verkauzten deutschen Fraktur, den skurrilen Umlauten – aber auch dem Gerücht, es sei echtes Hirschblut darin.

Ähnlich wie bei Mötley Crüe kam der Impuls zum Wachküssen der Marke von außen. Mitte der Neunziger pushte die Technoszene rund um Detroit das Getränk zum Kultstatus, und zwar eisgekühlt,[283] während auch hierzulande DJs T-Shirts mit dem Hirschkopf zur Schau trugen. Die fanden das lustig und irgendwie kultig. Den eigentlichen Auftrieb zu neuen Höhen besorgten jedoch 1996 die Toten Hosen mit dem Song »Zehn kleine Jägermeister«. Auch das mehr als Scherz gemeint. In beiden Fällen war die Marke mal so gar nicht auf den dadurch ausgelösten Ansturm vorbereitet.

WENN IHR UNBEDINGT WOLLT …

Fast wie bei unseren Sleazern aus Hollywood: Die hatten sich nämlich als Band, die noch etwas Relevantes beizutragen hatte, schon längst aufgegeben. Die ursprüngliche Gefährlichkeit war gefährlicher Ahnungslosigkeit gewichen. Den Fans war es egal. Die wollten einfach nur »Shout at the Devil« und andere musikalische Memoiren ihrer fürs Leben prägenden Teenagerphase hören und die hemmungslos ausgelebte Sentimentalität trotz aller Ernsthaftigkeit mit einer Prise Selbstironie würzen. Frei nach dem alten Kinderlied: Da oben leuchten die (alten) Sterne, da unten leuchten wir (alten) Ex-Coolios.

Beide Marken waren schlau genug, dem Ruf ihrer Community nachzugeben. So gelang beiden das Kunststück, innerhalb kürzester Zeit einen Imagewechsel zu vollziehen, der eine neue Zielgruppe anzieht, ohne dabei die alte zu vergraulen. Auch wenn das im Falle der Mötley Crüe bedeutet: Man düst in getrennten Lear Jets zur Venue, um aufzutreten, sich dabei aber nicht noch kurz vorher oder kurz nachher oder sogar mittendrin zu verhauen, um dann bis zum nächsten Gig getrennte Wege zu gehen.

Da stellte sich die Marke aus Wolfenbüttel schlauer an und positionierte sich mit Kommunikation rund um Events,[284] Toursponsoring und Jägerettes in Nachtclubs noch konsequenter dort, wohin die Zielgruppe sie ohnehin schon gestellt hatte.[285] Ob das 2002 die sprechende Hirsche Rudi und Ralph waren (»Achtung Wild!«) oder in Eisblöcke eingefrorene Flaschen als Installation in hippen Stadtteilen: Jägermeister gab und gibt 20 Prozent des Umsatzes für Marketing aus. Mötley Crüe für ihre Außenwirkung – in Form von Haarspray, Drogen und immer absurderen Fahrattraktionen für Tommy Lees Schlagzeugsolo – traditionell allerdings weitaus mehr.

BLICK IN DIE FORSCHUNG

Marken können sich auf unterschiedliche Weise mit dem Glanz der Vergangenheit schmücken. Die Forscher Brown et al. (2003) sehen hier zwei zentrale Dimensionen: *Authentizität* (Stammt das Produkt aus früherer Zeit oder wurde es neu entwickelt?) und *Technologie* (Wurde ein Produkt technisch auf den neuesten Stand gebracht oder nicht?). Kombiniert man diese Dimensionen in einer Matrix, dann ergeben sich vier Arten von Retroprodukten oder -dienstleistungen:

- *Reliquien* (authentisch, nicht aktuell) sind echte Antiquitäten. Z.B. eine Fender Stratocaster aus den Fünfzigerjahren, die in Schuss gehalten wurde, sonst aber keinerlei Veränderungen erfahren hat.
- *Reproduktionen* (nicht authentisch, nicht aktuell) sind moderne Kopien eines Originals. Z.B. die Nachbildung der oben genannten Gitarre, die nach den ursprünglichen Spezifikationen und mit denselben Materialien hergestellt werden, ggf. mit geringfügigen Anpassungen.

* *Revivals* (authentisch, aktuell) sind alteingesessene, meist ikonische Marken, die aus dem Dornröschenschlaf geweckt wurden und ein mehr oder weniger ausgeprägtes Makeover erhalten haben. In diese Kategorie fällt im Großen und Ganzen auch die aktuelle Version von Mötley Crüe.
* *Replikanten* (nicht authentisch, aktuell) sind neue Produkte, die als historisch vermarktet werden, oft mit erfundener Hintergrundgeschichte. Ein Beispiel ist das Modelabel Hollister, das angeblich 1922 von John Hollister, Sr. erfunden, tatsächlich aber erst 2000 lanciert wurde, komplett mit artifizieller Historie.

Der große Erfolg von Mötley Crüe in jüngster Zeit ist zu einem guten Teil auf den Impact der Verfilmung von *The Dirt* zurückzuführen. Das Biopic hat die Liebe alter Fans neu angefacht, die Band aber gleichzeitig einer neuen Fankohorte vorgestellt. Vermutlich steckt jedoch mehr dahinter. Brown et al. (2003) haben gezeigt, dass die Sterne für Retrobrands in wirtschaftlich und gesellschaftlich unruhigen Zeiten besonders günstig stehen. Vor dem Hintergrund von Corona – und später auch des Ukraine-Kriegs – haben die alternden Haarsprayhelden möglicherweise ein besonders günstiges Zeitfenster für ihren dritten Frühling erwischt.

Die Idee dahinter ist so einfach wie naheliegend: Wenn die Welt um uns herum (gefühlt) auseinanderfällt, sehnen wir uns nach Sicherheit, nach Vertrautem, nach etwas, das Komplexität reduziert. Da kommen Marken, die man bestens kennt und unter Umständen schon seit Jahrzehnten schätzt und liebt, gerade recht. In einem anderen Aufsatz schreibt Brown (2018, S. 9): Nostalgie versetzt Konsumenten...

> **[...] in eine Zeit zurück, in der sie sich sicher, glücklich und umsorgt fühlten, und schafft so eine intensive, fast unzerstörbare Bindung zwischen dem Produkt und dem Käufer.**

Auch abseits schwerer Krisen kann das Spiel mit dem Glanz der Vergangenheit für Marken einträglich sein. Verantwortlich dafür ist der Wunsch nach *Selbstkontinuität.* Darunter versteht die Psychologie das subjektive Gefühl einer Verbindung zwischen vergangenen und der gegenwärtigen (beziehungsweise zukünftigen) Versionen des eigenen Selbst. Für Menschen besteht fortwährend die Herausforderung, diese Verknüpfung aufrechtzuerhalten. Inwieweit ist unsere Teenagerversion »in tune« mit unserem heutigen Entwicklungsstand? Wie können wir uns als kohärentes Ich begreifen, obwohl die verschiedenen Ausgaben unseres Selbst bei Licht betrachtet möglicherweise recht wenig miteinander zu tun haben? Forschungsergebnisse deuten an, dass Retromarken eben jenes Gefühl der Selbstkontinuität antriggern können: Ich bin, weil ich war – und was ich war, ist verbunden mit dem, was ich heute bin und in Zukunft werde (Ju et al., 2016).

Dabei ist zu beachten, dass alte Marken einem Unternehmen nie ganz allein gehören, denn ein Revival ist ein kollektiver Prozess. Die Marke wird von allen Beteiligten gemeinsam wiederbelebt. Der Mehrwert entsteht am Schnittpunkt kollektiver Erinnerungen der Fans und der aktuellen Interpretation des Produkts bzw. der Dienstleistung. Zumindest für Rockmusik zeigt sich dabei im Übrigen, dass Fans konservativ agieren. Die Zahlungsbereitschaft für Konzertkarten ist am höchsten, wenn die Originalmitglieder einer Band auftreten und möglichst viele Klassiker zum Besten geben (Hallegatte et al, 2018). Bleibt die Frage, welche Marken sich am besten für eine Wiederbelebung eignen? Brown et al. (2003) geben zu bedenken:

- Auch wenn die Marke eine Zeit lang weg vom Fenster war, sollte sie noch als distinkte Markengeschichte existieren.
- Die Marke braucht eine vitale Essenz. Sprich: Sie muss während einer bestimmten Phase der Geschichte für eine Kohorte von Konsumenten von besonderer Bedeutung gewesen sein.

- Sie muss in der Lage sein, die Sehnsucht nach einer (glorifizierten) Vergangenheit zu erwecken. Dazu gehört die Kraft, ein Gefühl der Zugehörigkeit zu einer idealisierten Gemeinschaft hervorzurufen.
- Schließlich sollte die Marke technologisch und symbolisch aktualisiert werden können, um fortwährende Relevanz für die (jüngeren) Konsumenten zu versprechen.

ZUSAMMENFASSUNG UND TIPPS

* Eine ehedem erfolgreiche Marke wiederzubeleben oder renoviert erneut auf den Markt zu bringen, kann ein sehr einträgliches Unterfangen sein. Was einst die Herzen der Kunden gewonnen hat, kann es mit gewisser Wahrscheinlichkeit erneut schaffen.
* Menschen haben ein Bedürfnis nach Selbstkontinuität, der Wahrnehmung von Kohärenz zwischen der Person, die wir einmal waren und jener, die wir heute sind (und in Zukunft werden). Retromarken können uns helfen, dieses Bedürfnis zu erfüllen. Der Kern der Marke darf traditionell und ewig alt sein. Das trägt zur Glaubwürdigkeit bei. An diesem Rückenmark bitte nicht rütteln.
* Die Strategie ist jedoch mitnichten ein Selbstläufer. Die alles entscheidende Frage lautet: Trauern der Marke bzw. dem Produkt wirklich noch genug Menschen hinterher? Gibt es ein ausreichend großes nostalgisches Reservoir (so wie bei Mötley Crüe), eine mehr oder weniger geschlossene Kohorte von früheren Kunden, die sich nach einem Revival der Marke sehnt?
* Selbst wenn das Gros der alten Markenfans unwiederbringlich abhandengekommen ist, bedeutet das noch nicht, dass für eine Marke Hopfen und Malz vollständig verloren sind. Unternehmen wie Mast-Jägermeister haben demonstriert, dass es durchaus möglich ist, eine Brand über die Zeit mit einem neuen Set an Werten und Emotionen aufzuladen und dadurch komplett neue Käuferschichten zu erschließen. Allerdings erfordert dieses Vorgehen in aller Regel extrem hohe und konsistente Investitionen in die Marketingaktivitäten über viele Jahre hinweg.
* Des Weiteren gilt es, in Abhängigkeit von den Bedürfnissen der (früheren) Kundschaft, dem technologischen sowie dem soziokulturellen Fortschritt auszutarieren, inwieweit

eine Marke bzw. die zugehörigen Produkte sich in puncto Design, Technik usw. modernisieren müssen.

* Es gilt, Neues wagen, sich dabei aber treu zu bleiben. Die Marke kann sich anpassen, wenn der Kern stimmt und nicht verändert wird. Dies ist eine Gratwanderung: Wer zu unachtsam mit der eigenen Historie umgeht, wird mit hoher Wahrscheinlichkeit alte (oft zahlungskräftige) Fans verprellen. Wer zu sehr auf Nostalgie setzt, vergibt hingegen die Chance, sich neue Kundengruppen zu erschließen und zu wachsen.
* Auch das Timing eines Markenrevivals kann entscheidend sein. Zeiten großer ökonomischer oder sozialer Umbrüche bieten laut Forschungsergebnissen ein besonders gutes Zeitfenster, weil sich Menschen in solchen Phasen verstärkt nach Gewohnheit und Sicherheit sehnen.
* Kein Image ist in Stein gemeißelt. Vor allem durch die sozialen Medien und die damit verbundene Möglichkeit der gezielten Ansprache müssen Turnarounds nicht sofort gesamtheitlich gelingen, sondern können mit Mikrozielgruppen als Katalysatoren initiiert werden.
* Schließlich: Es ist durchaus möglich, eine Retrobrand vollständig neu zu erfinden. Manche Marken bauen erfolgreich auf eine Art Pseudonostalgie. Sie erfinden für sich eine traditionsreiche Vergangenheit in Form einer attraktiven, jedoch vollständig artifiziellen Markengeschichte. Dies klingt zunächst merkwürdig und ist naturgemäß nicht authentisch, bietet aber bisweilen interessante Nischen im Gefüge der postmodernen Marktwirtschaft.

OUTRO

Das war sie also, unsere Tour de Force durch die Welt der Heavy Metal B®ands. Eine laut-launig-lehrreiche Reise zu Sabbath und Ozzy, Metallica und Megadeth, Maiden, Dream Theater und Rammstein, zu Manowar, Motörhead und der Crüe. Wir haben uns mit Posern und Provokateuren beschäftigt, Innovatoren und Renovierern, mit Genies und Wahnsinnigen, Marktführern und jenen, die sie zu Fall bringen wollen, mit Kunst und Kommerz.

Wir hätten noch deutlich mehr Bands und Marketingspiele aufführen können. Da wären die Altmeister von Kiss, die Weltraummonster von Gwar oder die Hobbyhäretiker von Ghost – und das altbekannte Spiel mit der Maske. Es gäbe etwas zu berichten über die Nummer mit den besonderen Gimmicks, z. B. Amon Amarth und ihr Wikingerimage oder die Australier Alestorm mit ihrem Piratenmetal. Da wäre Mittelaltermetal à la Subway to Sally oder In Extremo. Wir hätten von dem Konzept der Metalpersiflage im Stile von J.B.O. (früher: James Blast Orchester) oder der augenzwinkernden Hommage à la Steel Panther erzählen können, die sich als Vertreter des Achtzigerjahre-Glam-Metal gerieren, das alles aber nicht so ernst meinen. Wir hätten auch über die Zielgruppe Kinder schreiben können – mit den freundlichen Dinos von Heavysaurus. Aber uns ist der Platz ausgegangen. Und Zehn ist so eine schöne Zahl, biblisch und glaubwürdig. Deshalb hören wir an diesem Punkt auf.

Im Intro zu unserem Buch haben wir Ihnen drei Dinge gewünscht: neue Impulse für Ihre eigenen Marketingaktivitäten, Inspiration und eine Menge Spaß beim Lesen. Wenn Sie uns bis hierhin gefolgt sind, hoffen wir inständig, dass wir diese drei Ziele erreicht haben. *Heavy Metal B®ands* ist nicht der Weisheit letzter Schluss, es bietet keine in sich geschlossene Theorie, und wir werden mit diesem Buch auch nicht den Lauf der (Marketing-)Geschichte ändern. Aber – verdammt nochmal – wir haben unser Härtestes gegeben.

Und mindestens genauso wichtig: Es hat uns große und immer wieder diebische Freude bereitet, unsere beiden Leidenschaften, anständig literarisch miteinander verheiratet, zu Papier zu bringen. Wir glauben an die Macht der Musik, wir glauben an die Kraft erstklassiger Marken. Und wir glauben, dass etwas Außergewöhnliches entsteht, wenn sich diese beiden Kräfte vereinen.

Naturgemäß wissen wir nicht, ob Sie schon vor dem Lesen dieses Buches dem Hardrock und Heavy Metal verfallen waren. Und wir wissen nicht, ob Sie es *jetzt* sind. Es spielt auch keine große Rolle, denn es ging uns nicht darum, jemanden musikalisch zu bekehren. Metal is (still) *not* for everyone. Falls Sie neben Inspiration für Ihre Positionierung auch den einen oder anderen musikalischen Impuls mitgenommen haben, soll uns das allerdings sehr recht sein. Es ist noch reichlich Platz auf der dunklen Seite der (musikalischen) Macht. Wir würden dort auf Sie warten.

Am Ende bleibt Musik, und damit auch Metal, so etwas wie die schönste Nebensache der Welt. Ja, es gibt Wichtigeres. Weltfrieden, Klimawandel und so. Es gibt auch Wichtigeres als Marketing, es gibt wertvollere Aufgaben, als Menschen Zeug anzudrehen. Andererseits: Ohne diese wunderschöne Musik und erstklassiges Marketing wäre es doch irgendwie trübselig und fad, oder? Wir bekommen nicht immer das, was wir wollen, haben die Rolling Stones so schön gesungen. Aber manchmal doch das, was wir brauchen.

Wir, die Autoren, *brauchen* Metal in unserem Leben – und wir brauchen gutes Marketing. Wir wollen Schall und Rauch, Blitz und Donner, harte Gitarren und grollenden Bass. Ebenso wollen wir erstklassige Marken und Marketing in unserem Leben. Wir *wollen* verführt werden, unterhalten und inspiriert, uns amüsieren, auch mal ärgern und dann wieder jubilieren. All das gehört für uns dazu und ist eine Bereicherung.

Schlechte Musik gibt es schon genug. Langweiliges Marketing sowieso. Es geht auch anders. Wirklich. Also, im Zeichen der Pommesgabel: Kommen Sie *jetzt* mit uns auf die harte Seite der Markenmacht. Sonst schreiben wir eine Fortsetzung ...

DANKSAGUNG

Nico: Ich danke Götz ganz herzlich, dass er mit mir dieses kleine Abenteuer gewagt hat. Und Michael Wurster vom Redline Verlag, dass er sich ebenfalls darauf eingelassen hat. Und Lemmy, weil muss.

Götz: Ich danke Nico dafür, dass er sich von meiner Prokrastination nicht hat infizieren lassen und staatsmännisch die Contenance behalten hat. Außerdem meinem Sohn Valentin: »Papa, du schaffst das mit dem Buch!« Und AC/DC für »Ride On«.

LITERATUR

In dieser Liste sind nur Bücher und wissenschaftliche Quellen aufgeführt. Verweise auf Onlinequellen, Interviews, Videos usw. haben wir aus Platzgründen ausgespart. Einen Fundus mit Ressourcen und Hintergrundinfos finden Sie auf der Seite www.metalbrands.de

Ables, M. (2016). Wild side: Self-styling and the aesthetics of metal in the music videos of Mötley Crüe. In F. Heesch & N. Scott (Hrsg.), *Heavy Metal, gender and sexuality: Interdisciplinary approaches* (S. 99–108), London: Routledge.

Ahluwalia, R., Burnkrant, R. E., & Unnava, H. R. (2000). Consumer response to negative publicity: The moderating role of commitment. *Journal of Marketing Research*, 37(2), 203–214.

Alpert, F. H., & Kamins, M. A. (1995). An empirical investigation of consumer memory, attitude, and perceptions toward pioneer and follower brands. *Journal of Marketing*, 59(4), 34–45.

Balmer, J. M. (2011). Corporate heritage identities, corporate heritage brands and the multiple heritage identities of the British Monarchy. *European Journal of Marketing*. 45(9/10), 1380–1398.

Batra, R., Ahuvia, A., & Bagozzi, R. P. (2012). Brand love. *Journal of Marketing*, 76(2), 1–16.

Bayer, G. (2017). Being Lemmy Kilmister: Performativity and metal. *Rock Music Studies*, 4(3), 221–233.

Bridson, K., Evans, J., Varman, R., Volkov, M., & McDonald, S. (2017). Questioning worth: selling out in the music industry. *European Journal of Marketing*, 51(9/10), 1650–1668.

Brown, S. (2018). Retro galore! Is there no end to nostalgia? *Journal of Customer Behaviour*, 17(1–2), 9–29.

Brown, S., Kozinets, R. V., & Sherry Jr., J. F. (2003). Teaching old brands new tricks: Retro branding and the revival of brand meaning. *Journal of Marketing*, 67(3), 19–33.

Bruhn, M., Schoenmüller, V., Schäfer, D., & Heinrich, D. (2012). Brand authenticity: towards a deeper understanding of its conceptualization and measurement. *Advances in Consumer Research*, 40, 567–576.

Buchanan-Oliver, M., Cruz, A., & Schroeder, J. E. (2010). Shaping the body and technology: Discursive implications for the strategic communication of technological brands. *European Journal of Marketing*, 44(5), 635–652.

Cappelli, P., & Hamori, M. (2014). Understanding executive job search. *Organization Science*, 25(5), 1511–1529.

Carpenter, G. S., & Nakamoto, K. (1989). Consumer preference formation and pioneering advantage. *Journal of Marketing Research*, 26(3), 285–298.

Carroll, G. R., & Wheaton, D. R. (2009). The organizational construction of authenticity: An examination of contemporary food and dining in the US. *Research in Organizational Behavior*, 29, 255–282.

Christe, I. (2004). *Sound of the beast: The complete headbanging history of heavy metal*. New York: Dey Street.

Christensen, C. M., McDonald, R., Altman, E. J., & Palmer, J. E. (2018). Disruptive innovation: An intellectual history and directions for future research. *Journal of Management Studies*, 55(7), 1043–1078.

Dahl, D. W., Frankenberger, K. D., & Manchanda, R. V. (2003). Does it pay to shock? Reactions to shocking and nonshocking advertising content among university students. *Journal of Advertising Research*, 43(3), 268–280.

Dion, D., & Borraz, S. (2017). Managing status: How luxury brands shape class subjectivities in the service encounter. *Journal of Marketing*, 81(5), 67–85.

Evans, I. G., & Riyait, S. (1993). Is the message being received? Benetton analysed. *International Journal of Advertising*, 12(4), 291–301.

Giachetti, C., & Marchi, G. (2017). Successive changes in leadership in the worldwide mobile phone industry: The role of windows of opportunity and firms' competitive action. *Research Policy*, 46(2), 352–364.

Hakala, U., Lätti, S., & Sandberg, B. (2011). Operationalising brand heritage and cultural heritage. *Journal of Product & Brand Management*, 20(6), 447–456.

Hallegatte, D., Ertz, M., & Marticotte, F. (2018). Blending the past and present in a retro branded music concert: the impact of nostalgia proneness. *Journal of Product & Brand Management*. 27(5), 484–497.

Hamann, D., Williams Jr., R. L., & Omar, M. (2007). Branding strategy and consumer high-technology product. *Journal of Product & Brand Management*, 16(2), 98–111.

Hyden, S. (2016). *Your favorite band is killing me: What pop music rivalries reveal about the meaning of life*. New York: Back Bay.

James, K., & Grant, B. (2014). 'I was made for loving you': 'Kiss' as perpetual capitalist entertainment product. *International Journal of Critical Accounting*, 6(5–6), 452–468.

James, K., & Tolliday, C. (2009). Structural change in the music industry: a Marxist critique of public statements made by members of Metallica during the lawsuit against Napster. *International Journal of Critical Accounting*, 1(1–2), 144–176.

Ju, I., Kim, J., Chang, M. J., & Bluck, S. (2016). Nostalgic marketing, perceived self-continuity, and consumer decisions. *Management Decision*, 54(8), 2063–2083.

Kamins, M. A., Alpert, F., & Perner, L. (2007). How do consumers know which brand is the market leader or market pioneer? Consumers' inferential processes, confidence and accuracy. *Journal of Marketing Management*, 23(7–8), 590–611.

Kardes, F. R., Kalyanaram, G., Chandrashekaran, M., & Dornoff, R. J. (1993). Brand retrieval, consideration set composition, consumer choice, and the pioneering advantage. *Journal of Consumer Research*, 20(1), 62–75.

Kassebohm, K. (1995). *Grenzen schockierender Werbung: Benetton-Werbung vor dem Hintergrund wirtschaftlicher Interessen und juristischer Beurteilung* [Dissertation]. Berlin: Freie Universität.

Kerin, R. A., Varadarajan, P. R., & Peterson, R. A. (1992). First-mover advantage: A synthesis, conceptual framework, and research propositions. *Journal of Marketing*, 56(4), 33–52.

Kilijanek, A., & Ozga, W. K. (2022). Impact of various types of provocative advertisements on brand recall and attention engagement. Pilot study report. *Applied Cognitive Psychology*, 36(4), 946–953.

Kilmister, I., & Garza, J. (2016). *White Line Fever. Lemmy: The Autobiography*. London: Simon & Schuster.

Kneer, J., Rieger, D., Frischlich, L., & Munko, D. (2011). Goethe versus Rammstein: Who is allowed to play with madness? The influence of musical taste on prejudice against heavy metal lyrics. In C. A. McKinnon, N. Scott, & K. Sollee (Hrsg.), *Can I play with madness? Metal, dissonance, madness & alienation*. (S. 3–14). Oxford: Inter-Disciplinary Press.

Kovács, B. (2019). Authenticity is in the eye of the beholder: The exploration of audiences' lay associations to authenticity across five domains. *Review of General Psychology*, 23(1), 32–59.

Kumar, S. M., & Jayasimha, K. R. (2019). Brand verbs: brand synonymity and brand leadership. *Journal of Brand Management*, 26(2), 110–125.

Lee, T., Mars, M., Neil, V., & Sixx, N., & Strauss, N. (2002). *Mötley Crüe: The dirt: Confessions of the world's most notorious rock band*. New York: Dey Street.

Lüdeke, U. (2015). *Am Anfang war das Feuer: Die Rammstein-Story*. München: Riva.

Magic Circle Entertainment (2019). *Manowar: The blood of the kings, vol. 1*. Hamburg: Magic Circle Entertainment.

McCandless, G. R. (2013). Metal as a gradual process: Additive rhythmic structures in the music of Dream Theater. *Music Theory Online*, 19(2).

Michelson, G., & Miller, R. (2019). Taboos, morality and marketing: towards a conceptual model and illustration. *Journal of Consumer Marketing*, 36(3), 393–400.

Moreman, C. M. (2003). Devil music and the great beast: Ozzy Osbourne, Aleister Crowley, and the Christian Right. *Journal of Religion and Popular Culture*, 5(1).

Morris, J. (2021). Simulacra in the age of social media: Baudrillard as the prophet of fake news. *Journal of Communication Inquiry*, 45(4), 319–336.

Mustaine, D. (2010). *Mustaine: A life in metal*. London: HarperCollins.

Ohlwein, M., & Bruno, P. (2022). A brand like a friend: How brand likeability influences brand perception. *International Journal of Market Research*, 64(3), 295–305.

Osbourne, O. (2010). *I am Ozzy*. London: Sphere.

Paharia, N., Keinan, A., Avery, J., & Schor, J. B. (2011). The underdog effect: The marketing of disadvantage and determination through brand biography. *Journal of Consumer Research*, 37(5), 775–790.

Parry, S., Jones, R., Stern, P., & Robinson, M. (2013). 'Shockvertising': An exploratory investigation into attitudinal variations and emotional reactions to shock advertising. *Journal of Consumer Behaviour*, 12(2), 112–121.

Porter, M. E. (1985). Technology and competitive advantage. *Journal of Business Strategy*, 5(3), 60–78.

Pruitt, C. (2019). Get in the ring: Professional wrestling and heavy metal music in parallel. *Journal of Public and Professional Sociology*, 11(2), 1.

Puri, S. (2014). The Trooper or the Sandman? Iron Maiden's conservatism versus Metallica's experimentalism in their philosophies towards musical creativity. *Metal Music Studies*, 1(1), 69–85.

Roberts, J. J. (2017). Rime of a metal mariner. *Metal Music Studies*, 3(1), 63–79.

Sabri, O. (2012). Taboo advertising: can humor help to attract attention and enhance recall? *Journal of Marketing Theory and Practice*, 20(4), 407–422.

Sabri, O., Manceau, D., & Pras, B. (2010). Taboo: An underexplored concept in marketing. *Recherche et Applications en Marketing* (English Edition), 25(1), 59–85.

Sadowski, M., & Roth, A. (1999). Technology leadership can pay off. *Research-Technology Management*, 42(6), 32–33.

Salmela, E. (2016). Why Metallica changed music world. Effectuation perspective. In A. Ujwary-Gil, & A. Nalepka (Hrsg.), *Business and Non-profit Organizations Facing Increased Competitions and Growing Customers' Demands* (S. 153–171). Nowy Targ: Fundacja Upowszechniająca Wiedzę i Naukę »Cognitione«.

Salmela, E., & Oikkonen, E. (2022). How conflicts with partners help an underdog to innovate and grow the largest in the world-case Metallica. *Conflict Resolution Quarterly*, 40, 141–158.

Scheller, J. (2020). *Metalmorphosen. Die unwahrscheinlichen Wandlungen des Heavy Metal.* Stuttgart: Franz Steiner.

Schiller, M. (2020). Heino, Rammstein and the double-ironic melancholia of Germanness. *European Journal of Cultural Studies*, 23(2), 261–280.

Schmidt, H. J., & Steenkamp, P. (2022). Beware, an underdog may bite: literature review and brand management framework in the context of underdog brands. *Journal of Brand Management*, 29, 85–110.

Shankar, V. (2006). Proactive and reactive product line strategies: asymmetries between market leaders and followers. *Management Science*, 52(2), 276–292.

Shankar, V., Carpenter, G. S., & Krishnamurthi, L. (1998). Late mover advantage: How innovative late entrants outsell pioneers. *Journal of Marketing Research*, 35(1), 54–70.

Smialek, E. (2016). The Unforgiven: A reception study of Metallica fans and 'sell-out' accusations. In A. Brown, K. Spracklen, K. Kahn-Harris, & N. Scott (Hrsg.), *Global Metal Music and Culture* (S. 106–124). New York: Routledge.

Spracklen, K. (2017). 'Yours is the Earth and everything that's in it, and–which is more–you'll be a man, my son': Myths of British masculinity and Britishness in the construction and reception of Iron Maiden. *Metal Music Studies*, 3(3), 405–419.

Spracklen, K. (2020). Manowar: true metal warriors. In K. Spracklen (Hrsg.), *Metal music and the re-imagining of masculinity, place, race and nation* (S. 75–88). Bingley, UK: Emerald.

Suarez, F., & Lanzolla, G. (2005). The half-truth of first-mover advantage. *Harvard Business Review*, 83, 121–127.

Swani, K., Weinberger, M. G., & Gulas, C. S. (2013). The impact of violent humor on advertising success: A gender perspective. *Journal of Advertising*, 42(4), 308–319.

Taylor, S. (2020). Channelling the darkness: Group flow and environmental expression in the music of Black Sabbath and Joy Division. *Metal Music Studies*, 7(1), 85–102.

Urde, M., Greyser, S. A., & Balmer, J. M. (2007). Corporate brands with a heritage. *Journal of Brand Management*, 15, 4–19.

Urwin, B., & Venter, M. (2014). Shock advertising: Not so shocking anymore. An investigation among Generation Y. *Mediterranean Journal of Social Sciences*, 5(21), 203–214.

Wall, M. (2004). *Iron Maiden: Run to the hills – the authorised biography*. London: Sanctuary.

Wall, M. (2010). *Enter night. Metallica: The biography*. London: Orion.

Wall, M. (2014). *Black Sabbath: Symptom of the universe*. London: Orion.

Wang, C. L., Sarkar, A., & Sarkar, J. G. (2018). Building the holy brand: Towards a theoretical model of brand religiosity. *International Journal of Consumer Studies*, 42(6), 736–743.

Weinstein, D. (2014). Just so stories: How heavy metal got its name – a cautionary tale. *Rock Music Studies*, 1(1), 36–51.

Wilson, J. A., & Liu, J. (2009). The polytheism of branding: evaluating brands through their worship. In L. Nafees, O. Krishnan, & T. Gore (Hrsg.), *Brand Research* (S. 207–229). New Delhi: Macmillan.

Wilson, R. (2013). *Lifting shadows: The authorized biography of Dream Theater*. London: Rocket 88.

STICHWORTVERZEICHNIS

A

Abercrombie 77
Accept 196
AC/DC 3, 5, 172
Adams, Eric (Louis Marullo) 166 ff.
Adidas 94
Alestorm 220
Amigos 147
Anthrax 90, 172
Apple 35, 39, 76 f., 79 ff., 83, 103, 105, 126, 192, 195, 197
Astra 157, 174
Audi 132, 138 f., 141
Aufmerksamkeit 50, 56, 58, 61, 64, 152, 162, 173 f., 206, 208
Authentizität 5, 42, 71, 102, 104, 114, 116, 170, 177 ff., 188, 199, 214
Avis 93 f.

B

Balenciaga 12, 115
Balmain 115
Baudrillard, Jean 170 f.
BBH London 118
Beatles 83, 185
Behemoth 172
Benetton 153, 155, 161
Ben & Jerry's 96
Berluti 115
Black Sabbath 5, 18, 21, 25 ff., 43, 45, 47, 51 f., 62, 68, 166, 205
Blind Guardian 5, 172
Bon Jovi 70
Boss 115, 117
Burberry 115

Burger King 38, 96
Burton, Cliff 69, 81

C

CALM 56
Campbell, Phil 186
Church, Eric 117
Clarke, (Fast) Eddie 185
Coca-Cola 17, 30, 36, 38, 77 ff.
Coldplay 148
Cooper, Alice 46
Corabi, John 212
Corpsepaint 172

D

David, Damiano 50
Dee, Mikkey 186
Deep Purple 13, 172
Def Leppard 209
DeMaio, Joey 166 ff., 179
Demuth, Harald 139
Diamond Head 32, 68
Di'Anno, Paul 109
Dickinson, Bruce 109 f., 119
Die Toten Hosen 213
Dio, Ronnie James 33, 45
Doublebass-Drumming 187
Dream Theater 18, 129 ff., 137 f., 143, 220
Dr. Oetker 99
Duchamp, Marcel 147
Dyson 138

E

Eddie 5, 14, 110, 112 f., 121 f.
Edeka 36, 116, 157

Ed Hunter 113
Elektra 204
Elvis 185
Emerson, Ralph Waldo 188
Eskapismus 167 Eurovision Song Contest 2021 50

F

Ferrero 193
Fischer, Helene 147
Flat Eric 119
Flotsam and Jetsam 70
Fox, Michael J. 78
Frank, Sidney 117
Free2Play-Rollenspiel 113
Freud, Sigmund 150
Friedman, Ross (the Boss) 166
Furnier, Damon 46

G

Gamma Ray 92
Genesis 131
Gentle Giant 131
Gers, Janick 109
Gewinnmaximierung 160, 163
Ghost 220
Glam Metal 32, 204, 209
Glam-Metal-Szene 68
Glazier, Jonathan 118 f.
Gore, Al 51
Gore, Tipper 51
Guardians of the Galaxy 113
Guns'n'Roses 71, 172, 207
Gustavo Gusto 99 f.
Gwar 220

H

Hagar, Sammy 195
Haltungskampagnen 156
Hammett, Kirk 69, 84, 86, 90 f.
Hamzik, Donnie 166
Hanseatic Help 58
Hansen, Kai 92
Hardcore-Punk 68
Harris, Steve 14, 108 f., 112
Hawkwind 185
Heavysaurus 220
Helloween 5, 92
Hellvetica 126
Hendrix, Jimi 185
Heritage Brand 120 ff.
Hertz 93
Hetfield, James 67 ff., 71, 73 f., 79, 83, 90
Hypermaskulinität 167
Hyperrealität 170, 172, 179

I

I am Ozzy 52
IBM 80
In Extremo 220
Instagram 155
Invarianz, relative 121
Iron Maiden 5, 12, 14, 16, 18, 68, 107 ff., 121 f., 131, 134, 166, 172, 184

J

Jack Daniel's 5, 116, 169
Jackson, Michael 78
Jägermeister 203, 210 ff., 214, 218
J.B.O. 220
Jett, Joan 209

Jobs, Steve 34, 79 f., 197
Johnson, Don 78
Judas Priest 16 f., 34, 45, 51, 110, 172, 205

K

Kaepernick, Colin 158
Kardashian, Kim 49
Kilmister, Ian (Lemmy) 45, 183 f., 229
King Crimson 131
Kiss 11 ff., 15, 38, 172, 220
Kodak 77
Kompromisslosigkeit 188
Kontinuität 30, 41, 77, 111, 113, 123, 179, 209
Kruspe, Richard 148
Küchenthal, David 57

L

LaBrie, James 130
Lady Gaga 204
Landers, Paul 148
Lauper, Cyndi 51
Lawson, Dom 167
Lee, Jake E. 53
Lee, Tommy 204, 206 f.
Levi's 111, 118 f.
Lindemann, Till 148 ff.
Little Richard 185
Lopez, Alex 158 f.
Lorenz, Christian 148
Lovebrand 183, 191
Lüdeke, Ulf 152

M

Macintosh 79 f.
Madonna 51

Majesty 130
Manager Magazin 97
Måneskin 50
Manowar 18, 165 ff., 176 ff., 189, 220
Manson, Marilyn 50, 196
Marketing 4, 15, 17, 20 ff., 35, 37, 56, 61, 76 f., 80, 109, 120 f., 127, 132, 155 ff., 172, 183, 210, 214, 220 f.
Mars, Bruno 75
Mars, Mick 204, 208
Marvel 113, 176, 209
Mast, Günter 211 f., 218
Mayhem 172
McBrain, Nicko 109
McDonalds 192, 194
McFly, Marty 78
Megadeth 13, 18, 76, 89 ff., 126, 172, 199, 220
Merchandising 4, 11, 18, 110, 113, 122
Mercyful Fate 51
Merkel, Angela 59, 112
Metality e. V. 20, 58 f.
Metallica 12, 17 f., 22, 32, 67 ff., 77, 79, 82 ff., 86 f., 90 ff., 94, 108, 131, 134, 166, 184, 187 f., 195, 220
Microsoft 77, 80, 83
Miele 136
Montei, Matt 176
Moore, Kevin 130
Moreman, Christopher 47
Moshpits 172
Mötley Crüe 18, 32, 52 ff., 70, 134, 188, 204 f., 209 f., 213 ff., 218
Motörhead 18, 68, 114, 127, 134, 172, 183 ff., 190, 196 f., 220
Murray, Dave 109
Mustaine, Dave 86, 89 ff., 100, 102
Myspace 77
Myung, John 130

N

Napster 72, 77, 82, 195
National Lampoon 54
Neal, Mark 48
Neil, Vince 57, 204, 206, 208
Newsted, Jason 70 f., 81
Nike 105, 158 f.
Nonkonformismus 101, 104, 191
Nu Metal 15, 32, 172
Nutella 183, 192

O

Oracle 83
Osbourne, John Michael (Ozzy) 12 f., 18, 21, 25 ff., 29 f., 33, 45 ff., 51 ff., 62, 64, 147, 155, 162, 166, 196, 205, 220
Osbourne, Sharon 13, 46 f.

P

Parents Music Resource Centers (PMRC) 51
Patagonia 59, 100, 157, 194
Pepsi 78, 80, 96, 132
Petrucci, John 130
Pilion Trust 58
Pink 75
Plein, Philipp 169
Poison 32, 209
Polarisation 54, 155 ff., 159, 162
Polarisierung 155 f.
Political Correctness-Debatte 56
Porter, Michael 141
Portnoy, Mike 130, 133
Positionierung 16, 18 f., 21 ff., 40, 42 f., 49, 51, 62, 64, 77, 86 f., 92, 102, 104 f., 110, 119, 122 f., 132, 139, 141 ff., 152, 161 f., 169, 199, 209, 221
Prince 45, 51

Progressive Metal 108, 131
Progrock 131
Provokation 50, 52, 54 ff., 64, 97, 147, 155 f., 166
Puma 94

R

Rammstein 12, 18, 22, 50, 147 ff., 159 f., 166, 172, 206, 220
Reed, Lou 75, 82
Riedel, Oliver 148
Ritchie, Lionel 78
Rock, Bob 70, 84, 86
Römer, Alex 54
Rush 131

S

Salesforce 82
Samsung 76, 96
SAP 83
Saxon 68
Schneider, Christoph 148
Schocktaktik 50, 160
Schramm, Christoph 99
Schulz von Thun, Friedemann 133
Scott, Bon 172
Scott, Ridley 80
Scully, John 80
Selbstkontinuität 216, 218
Simmons, Gene 11, 135
Sinatra, Frank 117
Sixt 59, 96 ff.
Sixt, Erich 97
Sixx, Nikki 97
Skinvertising 192
Skittles 175
Slash 207

Slayer 32, 90, 172, 188
Smialek, Eric 71
Smith, Adrian 109
Social Media 64, 77, 162
Some Kind of Monster 75
Spiegel 19, 97
Stabilität 114
Strauss, Neil 208
Subway to Sally 220
Swift, Taylor 75

T

Tabubruch 155, 160 ff.
Taylor, Phil (Philthy Animal) 75
Tesla 77
The Avengers 113
The Blood of the Kings, Vol. 1 *167*
The Dirt 53, 205, 208
The Trooper 113
Thrash Metal 32, 68, 75, 85, 90
Thrash-Metal-Szene 84, 187
TikTok 16, 55, 99, 155
Toscani, Oliviero 155
True Metal 167, 170
Trujillo, Robert 85

U

Übertreibung 172, 174 ff.
Ulrich, Lars 67 ff., 71 f., 79, 83, 86, 90, 172

V

Valhalla 172
Van Halen, Eddie 31, 133, 205
Venom 51, 54, 68, 113
Verlässlichkeit 114

W

Wacken 10, 13, 58, 172
Wagner, Richard 167
Wall, Mick 27, 70, 73
W.A.S.P. 51, 172
West, Kanye 95
White Line Fever 184
Whitesnake 172
Wozniak, Steve 79
Wrangler 118
Wrigley U.S. 176

Y

Yes 131
Yves Saint Laurent 115

Z

Zac Brown Band 117
zu Guttenberg, Karl-Theodor 61

ENDNOTEN

1 Siehe dazu auch das Buch *Metalmorphosen* des Kunsthistorikers Prof. Dr. Joerg Scheller von 2020.

2 Je nach Preisklasse auch Privatjets und Hotelsuiten.

3 Mel Brooks hat in seiner Science-Fiction-Persiflage *Spaceballs* von 1987 alles dazu gesagt: »Spaceballs – das T-Shirt! Spaceballs – das Buch zum Ausmalen! Spaceballs – das Lunchpaket! Spaceballs – die Müsliflocken! Spaceballs – DER FLAMMENWERFER! … Die Kinder steh'n auf so was!«

4 Kiss haben sich das möglicherweise bei Elvis abgeschaut, der war ebenfalls eine große Gelddruckmaschine. Dazu die Forscher James und Grant (2014, S. 464): »Kiss branched out beyond sales of musical product to sales of a vast array of merchandise and memorabilia which nearly certainly has not yet been surpassed by any band in terms of the quantity and the range of items sold. Kiss showed how far it was possible to extend and exploit the concept of a band for the purpose of capital accumulation.«

5 Und falls die versagt haben, auch Schnuller …

6 Die aktuell äußerst beliebten Melodic-Death-Metaller von Amon Amarth werden auf Tour beispielsweise von Underberg gesponsert. Ob das ihrem Wikinger-Image zuträglich ist, steht auf einem anderen Blatt. Skål!

7 Von den Thrash-Ikonen Kreator gibt's außerdem Kaffeebohnen – aber die fanden wir weitaus weniger verträglich als das musikalische Oeuvre der Ruhrpott-Recken.

8 Waren sie natürlich nicht. Das wiederum passt sehr gut zur Positionierung von Rammstein, wie wir später erläutern werden.

9 Man beachte seine Punkfrisur auf dem Debut und den vorausgehenden Singles.

10 Und wenn doch, war es eigentlich schon kein Metal mehr. Und wir meinen explizit nicht die kleinen Nischensendungen,

geduldet auf Mainstream-Frequenzen, alle zwei Monate, zwei Stunden vor Mitternacht.

11 Typisch Westküste: Alles wird früher oder später zu Bubblegum ...

12 So lautet der Titel des sechsten Albums der erfolgreichen Band aus dem Jahr 2019.

13 Ausnahme: Logos im Black Metal sehen meist so aus wie ein durcheinander gewürfelter Haufen von dem weißen Zeugs, das man vorm Genuss von der bereits grob geschälten Mandarine pult.

14 Bei Nico: zwei Wochen ...

15 Im Ernst: Eine akustische Lawine wie Black Metal wäre ohne eine extreme optische Verpackung gar nicht verkauf-, geschweige denn verdaubar. Das wusste damals schon King Diamond, Urvater aller nachfolgenden Make-up-Artists im Metal. Und wo der geklaut hat, ist auch klar.

16 Und bevor jetzt ein kollektiver Aufschrei erfolgt: Ja, es gab schon Arthur Brown und Alice Cooper, Pioniere von theatralischen Effekten auf einer Konzertbühne. Es gab lange Gewänder und die ebenfalls geschminkten New York Dolls. Doch die vier Rabauken von Kiss mischten alles zusammen, ergänzten ein paar Haare kostende Zirkustricks und kochten daraus eine Melange, welche die Vorstellungen davon, wie man sich als Band visuell präsentieren kann, für immer veränderte.

17 Mit reihenweisen hanebüchenen musikalischen Auswürfen – aber das wäre nochmal Stoff für ein anderes Buch ...

18 Gut zu beobachten in der Doku *Dreamers Never Die* über Ronnie James Dio von 2022. Er stürzte damals ab, von ausverkauften Arenen in halbvolle Clubs mit dreihundert Zuhörern (wenn es ein guter Abend war).

19 Siehe dazu auch das Kapitel über Black Sabbath.

20 Zum Teil mit längeren Pausen. Zudem sind Black Sabbath und Motörhead technisch gesehen bereits Geschichte, haben aber nach wie vor großen Einfluss – und auch Umsatz.

21 Wir können aus der Ferne nicht beurteilen, ob diese Strategien jederzeit intentional implementiert wurden und werden, ob

also immer eine Art Marketing-Masterplan dahintersteckt oder nicht. Doch selbst für den Fall, dass eine Band etwas zufällig bzw. einfach intuitiv richtig macht, kann man sich durchaus intentional etwas davon abschauen.

22 Mittelerfolgreich ...

23 Im Grunde ging es um Controlling. Aber das kannste auf keiner Party erzählen ...

24 Wir haben uns die pädagogische Freiheit genommen, den Fokus je nach Band auf unterschiedliche Aspekte und Schaffensphasen zu legen. Beispiel: Manchmal verbringen wir mehr Zeit mit der Gründungsphase, ein anderes Mal eher mit der Entwicklung einer Gruppe über die Jahre hinweg.

25 Doch, brauchen wir. Hypotheken und so. Außerdem werden die verdammten Konzerttickets immer teurer ...

26 Und unsere herzliche Abneigung gegen stumpfe, langweilige, austauschbare Kommunikation.

27 Sie dürfen uns beim Lesen auch gerne innerlich den Vogel und andere Fingerbotschaften zeigen. Nur wenn unsere Gedanken Sie kaltließen, hätten wir etwas falsch gemacht.

28 Frikadellen, Fleischpflanzerl, Bratklopse ...

29 Der Wahrheitsgehalt dieser Geschichte ist umstritten, aber sie passt irgendwie ins Bild. Die Kirche hat durchaus ein Problem mit vielen Aspekten des Lebens, die Spaß machen und knallen. Faktisch findet man die Tonfolge auch bei Johann Sebastian Bach, passenderweise aber vor allem an Stellen, bei denen er in christlichen Liedern Judas oder den Teufel an die Klangwand malen wollte. Heutzutage klingt der Tritonus immer noch leicht schräg, wird aber deutlich häufiger verwendet. Er ist u. a. Teil der Hauptriffs von »Purple Haze« (Jimi Hendrix) und »Enter Sandman« (Metallica).

30 Wobei wir lobend anerkennen müssen, dass die Schweizer Formation Celtic Frost einen ganz wesentlichen Anteil zur Entwicklung des Black und Death Metal geleistet hat.

31 Naturgemäß muss das ein Stück weit Ansichtssache bleiben. Manche Experten hören die voll ausgefertigten Klangwelten des schweren Metalls schon vorher, z. B. bei Led Zeppelin,

Deep Purple und einigen weniger bekannten Bands. Andere verfolgen den Ursprung bis zu den Anfängen des Blues oder zur klassischen Musik zurück. Joey DeMaio von Manowar behauptet in Interviews z. B. gerne, dass im Grunde Richard Wagner den Metal erfunden habe. Allerdings redet er auch viel, wenn der Tag lang ist.

32 Wer den Begriff als Erster zur Beschreibung von Musik verwendet hat, ist umstritten. Er taucht in einem Roman aus den frühen 1960ern auf, 1968 dann im Text zu Steppenwolfs »Born to Be Wild«. Auf jeden Fall wurde er anfangs zum Teil als abwertende Bezeichnung genutzt (Weinstein, 2014).

33 Wall (2014, S. 49).

34 Taylor (2021, S. 99, Übersetzung durch uns).

35 Osbourne (2010, S. 124, Übersetzung durch uns).

36 Gute Führungskräfte. So wichtig ...

37 »Powerchord« lautet die Bezeichnung für einen (Gitarren-)Akkord, der aus nur zwei Tönen besteht (Grundton und Quinte) und einfacher zu greifen ist als Akkorde mit mehreren Tönen. Das perfekte Hörbeispiel hierfür ist der Black-Sabbath-Song »Paranoid«.

38 Details dazu liefert das Kapitel über Ozzy Osbourne.

39 Siehe dazu auch das Kapitel über Metallica.

40 Im Gegensatz zu den Doktorarbeiten vieler bundesdeutscher Politiker ...

41 Das selbst betitelte Debut von Van Halen erschien im Frühjahr 1978 und begründete Eddie Van Halens Ruf als innovativer Gitarrengott. Van Halen waren damals Vorband für Black Sabbath auf der Tour zum Album *Never Say Die!* und spielten den ausgelaugten Headliner Abend für Abend an die Wand.

42 Entsprechende Aussagen in der Presse wiederholen sich mit schöner Regelmäßigkeit etwa alle zehn bis fünfzehn Jahre, haben sich allerdings bis dato immer als falsch herausgestellt. Der Metal ist ein zähes und enorm wandlungsfähiges Biest.

43 Christensen et al. (2018).

44 Shout-out an Depeche Mode.

45 Gemeinsam mit dem früheren Deep-Purple-Gitarristen Ritchie Blackmore.

46 Mittlerweile hat Jung von Matt den Etat zurück und versucht es derzeit mit: »Nimm einfach Ricola«.

47 Wir entschuldigen uns vorab, dass Apple und Steve Jobs in mehreren Kapiteln als positive Beispiele herhalten müssen. Das kann uns als Faulheit oder fehlende Trennschärfe vorgeworfen werden. Andererseits: Die Apfelmännchen haben einfach verdammt viel richtig gemacht. Da lohnt es sich, mehr als einmal hinzuschauen.

48 Er versprach nichts weiter als eine Revolution – womit er verdammt recht hatte. Zehn Millionen Views der Keynote alleine auf YouTube sprechen eine deutliche Sprache.

49 Nicht Marketing-Analen, Götz …

50 Beispielsweise in unserem nächsten Buch. Scherz! Wobei: Vermutlich doch kein Scherz …

51 Und das war noch zu schlimmen Zeiten, als Mailboxen 15 Minuten brauchten, um die pixeligen 240 × 180 Filmchen runterzuladen. Das war auch ein Grund, warum BMW USA 2001 seine ebenfalls legendäre Kampagne »The Hire« auf DVD Enhanced CD Rom und später als DVD (!) auslieferte. Datenträger: total Metal!

52 Wie die Begeisterung von argentinischen Fans bei »Aguante Megadeth«.

53 Ein Grund: Die Marke war zu klein und unbekannt. Etwas mehr Branding hätte vielleicht gutgetan, aber die Kommunikation in der Fashionwelt funktioniert noch mal einen Tick anders und bräuchte ein eigenes Buch.

54 Zuweilen wird »You Really Got Me« von den Kinks (1964) als wichtiger Impetus für den Metal betrachtet, aufgrund des extrem rauen Gitarrensounds. Dieser ist auf kreative Zerstörung zurückzuführen. Dave Davies schlitzte damals in einem Wutanfall die Membran seines Gitarrenverstärkers auf. In der Folge entstand der knarzig-kräftige Sound, der später viele Bands beeinflusste.

55 Verbrennen natürlich. Entschuldigung.

56 Bzw. hieß, denn mittlerweile hat er seinen Künstlernamen offiziell angenommen.

57 Später trat er erneut mit der Band auf und veröffentlichte auch neues Material.

58 Siehe dazu das Kapitel zu Black Sabbath.

59 Das kommt davon, wenn man endlose Meetings einberuft, aber zu kniepig für Kekse und Pizza ist.

60 Moreman (2003, ohne Seitenangabe, Übersetzung durch uns).

61 Osbourne hat die Ereignisse später mehrfach öffentlich bereut und engagiert sich seit 2020 für PETA.

62 Zu prüfen wäre zudem, ob vegane Alternativen wie Tofu oder Seitan die gleichen Flugeigenschaften haben.

63 Allerdings auf eine andere Weise als Ozzy & Co., wie wir im entsprechenden Kapitel ausführen werden.

64 Was da hinter der Kamera abgeht, steht natürlich auf einem anderen Blatt. Ganz ohne Drogen ist ein Großteil der Musik und der Kostüme aus unserer Sicht jedenfalls nicht erklärbar.

65 Konkret: Einer der jungen Männer überlebte, verstarb aber drei Jahre später an den Folgen des Suizidversuchs. Der Vorwurf lautete damals, in dem Song »Better by You, Better than Me« (nicht mal ein Originalsong von Judas Priest, sondern ein Cover von Spooky Tooth) seien subliminale Botschaften (z. B. »Do it!«) versteckt, die man hören könne, wenn die Platte rückwärts abgespielt wird.

66 Er verließ im Alter von 15 Jahren die Schule und arbeitete vorübergehend auch in einem Schlachthaus.

67 Osbourne (2010, S. 69). Übersetzung durch uns.

68 Siehe das Kapitel über Rammstein.

69 Im Gegensatz zu Herrn Osbourne, der viele seiner Provokationen unter dem Einfluss diverser hochprozentiger Substanzen verbrochen hat und immer hart am Label »nicht zurechnungsfähig« vorbeigeschrammt ist.

70 Campaign Against Living Miserably – eine Organisation zur Bekämpfung von Depression und Suizidalität.

71 Ziel war es, Schlafsäcke für Obdachlose zu sammeln.

72 Bis auf dieses eine Mal im Jahr 1989, als er völlig zugedröhnt seine Frau erwürgen wollte und im Knast wieder aufwachte.

73 Hach! Das Wunder der deutschen Sprache.

74 Die Australier von AC/DC haben noch deutlich mehr Alben verkauft, werden musikalisch aber in aller Regel nicht als Metalband betrachtet, auch wenn sie bei vielen Metalfans hohes Ansehen genießen. Das Gleiche gilt für die Mannen von Led Zeppelin.

75 Siehe z. B. den Rummel um die Einbindung von Metallicas Lied »Master of Puppets« in die vierte Staffel der Netflix-Erfolgsserie *Stranger Things*.

76 Der Vater verließ die Familie während Hetfields früher Jugend. Einige Jahre später verstarb seine Mutter an Krebs, weil sie aus religiösen Gründen praktisch jegliche medizinische Behandlung verweigerte.

77 Nicht wenige halten ihn für einen absoluten Großkotz.

78 In diversen Biografien ist zu lesen, dass Hetfield den europäisch geprägten Ulrich bei ihren ersten Begegnungen dezidiert für einen komischen Kauz hielt. Das änderte sich offenbar erst, nachdem der Gitarrist den angehenden Schlagzeuger in seinem Elternhaus besuchte: Der wohlhabende Ulrich investierte all sein Taschengeld in eine exorbitante Plattensammlung, was den Gitarristen nachhaltig beeindruckte.

79 Siehe dazu das Kapitel über Mötley Crüe.

80 Hörprobe: »Ace of Spades« von 1980.

81 Etwas später im gleichen Jahr erschien auch *Show No Mercy*, das Debut von Slayer, die ebenfalls zu den Begründern des Thrash Metal gezählt werden.

82 Siehe dazu auch die Überlegungen zu Black Sabbath: Marken, die als Pioniere oder Ursprung ihrer (Sub-)Kategorie betrachtet werden, genießen gemeinhin eine besonderen Platz im kognitiven Netzwerk der relevanten Kundengruppen (Alpert & Kamin, 1995).

83 In kurz: Man kopierte Musik von Schallplatte auf Kassette und verschickte diese per Post an befreundete Fans auf der ganzen

Welt, um im Gegenzug ebenfalls kopierte Kassetten anderer Bands zu erhalten.

84 Kirk Hammett verließ für den Posten an der Metallica-Leadgitarre seine Band Exodus, die ebenfalls zu den Pionieren des Thrash Metal zählen. Er ersetzte kurz vor den Aufnahmen zum ersten Studioalbum Dave Mustaine, der daraufhin Megadeth gründete. Diese Geschichte wird im nächsten Kapitel erzählt.

85 Newsteds Bassspuren sind auf dem ursprünglichen Mix des Albums kaum wahrnehmbar. Die angeführten Gründe dafür gehen stark auseinander, je nachdem, wen man fragt.

86 Kurioserweise im Grunde zur selben Zeit, als er durch die beginnende Dominanz des Grunge für einige Jahre weg vom Fenster zu sein schien.

87 Die über die Jahre zu einem beliebten Hochzeitswalzer mutiert ist – so auch für Nico im Jahr 2011.

88 Wall (2010, S. 341, Übersetzung durch uns).

89 Smialek (2017, S. 107, Übersetzung durch uns).

90 Salmela und Oikkonen (2022, S. 153, Übersetzung durch uns).

91 Die Musiker trennten sich in dieser Zeit auch von ihren Prachtmähnen, zeigten sich mit Eyeliner geschminkt – so wie einst jene Glam-Metal-Bands, denen Metallica in ihren Anfangstagen in den Hintern treten wollten.

92 James, K., & Tolliday, C. (2009, S. 165, Übersetzung durch uns).

93 Musiker dürfen über die Zeit durchaus – in Maßen – ihren Stil ändern. Es darf jedoch nicht der Eindruck aufkommen, man sei »in it for the money«. Dazu Bridson et al. (2017, S. 1663; Übersetzung durch uns): »Authentizitätsnarrative unterstützen die Tatsache, dass Fans einen Musiker für echt, aufrichtig und am Rande der kapitalistischen sozialen Produktionsverhältnisse halten müssen, um als authentisch zu gelten.«

94 Wall (2010, S. 43).

95 Hier geht es wohlgemerkt um Marktführerschaft im engen finanziellen Sinne. Metallica waren und sind nicht zwingend auch Qualitätsführer. James Hetfield hat sich über die Jahrzehnte zu einem charismatischen Frontmann entwickelt, aber seine stimmlichen Qualitäten sind immer noch recht be-

schränkt. Die Geschichten über die Schwächen von Lars Ulrichs Schlagzeugspiel (vor allem Timingschwankungen) sind geradezu legendär. Der Sound von Kirk Hammett hat immerhin einen hohen Wiedererkennungswert, doch auch er wird nicht wirklich zu den besten seines Fachs gezählt. Aber was soll's? Der Erfolg gibt ihnen recht.

96 Shankar (2006).

97 Nico kam 2022 erstmals in den Genuss dieser speziellen Atmosphäre. Insbesondere James Hetfield kommt den Fans im Snakepit regelmäßig so nah, dass man ihn regelrecht ablecken könnte. Nicht, dass er es versucht hätte, aber …

98 Wenn man es allerdings aufs Konzert geschafft hat, bekommt man ein individualisiertes Erlebnis: Es steht das Gerücht im Raum, Metallica würden die Userdaten von Spotify nutzen, um ihre Setlists an lokale Kundenwünsche anzupassen. Die Band gibt in Interviews passend dazu an, eigentlich immer »unterprobt« zu sein, weil man die Setlists regelmäßig umstelle. Zudem stimmten Metallica auf den jüngsten Touren – auf eine dilettantisch-amüsante Weise – kurz lokale Gassenhauer an. Beim Konzert in Köln von 2019 beispielsweise »Viva Colonia«. Auf dem Level, das Metallica erreicht haben, muss man nicht mehr alles bierernst nehmen.

99 In der Zwischenzeit war Jason Newsted durch den immer noch amtierenden Bassisten Robert Trujillo ersetzt worden. Die Aufnahmen zu St. Anger waren von großen Spannungen innerhalb der Band überschattet. Zudem begab sich James Hetfield für einige Zeit in Rehabilitation und hatte in dieser Phase kaum Kontakt zu den anderen Mitgliedern oder dem Management. Die Band ließ sich in dieser Phase von einer Art Therapeut begleiten, was an vielen Stellen der Dokumentation aufgegriffen wird.

100 2013 folgte überdies noch der Kinofilm *Through the Never*, der Konzertszenen mit einer ins Fantastische abdriftenden Handlung mixt. Die Kritiken waren überwiegend positiv. Wir haben ihn allerdings bis heute nicht verstanden. Den meisten Fans erging es ähnlich – aus finanzieller Perspektive war das Ganze ein Desaster.

101 Das neue Album *72 Seasons* ist bei Drucklegung dieses Buchs noch nicht erschienen.

102 In Österreich gibt es übrigens dasselbe Phänomen, nur heißt es dort Tixo. Und selbstverständlich wurde es dort erfunden. Sagt die österreichische Frau von Götz.

103 Ausnahme: Die schon recht durchgenudelte Kodak-Story, die zwar unglaublich, aber eben durchgenudelt ist. Daher: selber nachschauen.

104 Für alle, die nicht im Agentursprech zu Hause sind: Tumbleweed sind diese immer leicht vertrockneten, kugelartigen Pflanzen, die sich in amerikanischen Wüstenkaffs vom Wind durch die Hauptstraße treiben lassen.

105 Natürlich hätte man auch Linde oder die Häussermann Lamellen nehmen können (beides Weltmarktführer), aber das wäre ob der fehlenden Sichtbarkeit im Marketing etwas weniger anschaulich gewesen.

106 Über Apples diktatorische Haltung, plötzlich keine DVD-Laufwerke mehr zu verbauen, obwohl es das gebräuchlichste Medium war, bis zum Kollektivzwang für Steckernormen, hat Apple fast so viel Häme und Spott eingebracht, wie die teppichlose Snare auf *St. Anger* oder diese eine Platte da, mit dem Herrn Reed.

107 Steve Jobs' »menschliche« Art kostete ihn letztendlich den Job, er wurde durch das Board gefeuert.

108 Zum Beispiel der visionäre, aber technisch komplett unausgereifte »Newton«.

109 Zuschriften für Hypothesen aller Art bitte an: whatif@metalbrands.de

110 Grüße gehen raus an Dieter Rams, dessen Entwürfen Jony Ive ein Fan-Denkmal gesetzt hat.

111 Dabei wurde damals nur vorweggenommen, was man später als »Lifestyleprodukt« münzen und seit dem iPod, spätestens aber mit dem iPhone mit Apple als erstem und einzigem Hardwarehersteller verknüpfen würde.

112 OK. *Death Magnetic* hatte da schon ein paar Wunden wieder notdürftig geschlossen.

113 Nein, wir reden hier nicht von Lars Ulrichs Schlagzeugspiel ...

114 Siehe dazu auch die Ausführungen zu den »Big Four« des Thrash Metal im Kapitel über Megadeth.

115 Des Weiteren waren sich Metallica nicht zu schade, regelmäßig das zu betreiben, was man im übertragenen Sinne als Industriespionage beschreiben könnte. Sie bestritten einen guten Teil ihrer früheren Konzerte mit Coverversionen, ohne dies dem Publikum mitzuteilen, beispielsweise mit »Am I Evil« von Diamond Head. Fairerweise: Metallica haben einige dieser Songs berühmter gemacht, als es die Urheber jemals hätten bewerkstelligen können, und in diesem Sinne für ein gewisses regelmäßiges Einkommen bei den gecoverten Bands gesorgt.

116 Die Industriegeschichte ist voll von Unternehmen, die den Sprung von der einst erfolgreichen Welle auf die nächste verpasst haben – man denke beispielsweise an Nokia oder Kodak.

117 Salmela (2016, S. 154 und S. 165, Übersetzung durch uns).

118 Mustaine wurde angeblich wegen seines enormen Alkohol- und Drogenkonsums aus der Band gekickt. Allerdings belegen viele Quellen, dass die anderen Bandmitglieder ihm hier prinzipiell in nichts nachstanden. Offenbar kam es in den Wochen vor dem Rauswurf auch mehrfach zu Handgreiflichkeiten – ein Umstand, der Mustaines Abgang sicherlich katalysiert hat.

119 Mustaine (2010, S. 102, Übersetzung durch uns).

120 Steve Jobs konnte Aufzeichnungen zufolge ebenso rachsüchtig sein. Er sprach einmal von einem »thermonuklearen Krieg« gegen Google, weil er deren Betriebssystem iOS als großen Diebstahl (bei Apple) ansah.

121 Man meint, über die Jahrzehnte auch eine gewisse Rivalität zwischen den Fans der beiden Bands beobachten zu können. Es schien immer ein wenig schwierig, gleichzeitig leidenschaftlicher(!) Fan von Metallica und von Megadeth zu sein – so wie man sich zwei Jahrzehnte zuvor auch irgendwie zwischen den Beatles und den Rolling Stones zu entscheiden hatte. Im Vorwort zu seinem Buch *Your Favorite Band is Killing Me* (2016) schreibt Steven Hyden über die Animositäten zwischen den

Fans: »If you don't believe me, see what happens when you play Metallica's *Black Album* for a room full of borderline psychopaths waiting for Megadeth to come onstage.«

122 Jedenfalls die mit Anstand.

123 Oder im Fall von Götz: lieber Rose Tattoo als AC/DC. Und bei Nico: lieber die Borussia aus Gladbach.

124 Diese nicht repräsentative Top 5 darf gerne herausgefordert werden: 1978: Van Halen vs. Black Sabbath (US); 1980: Iron Maiden vs. Kiss (D); 1986: Metallica vs. Ozzy Osbourne (World); 1992: Pantera vs. Skid Row (US); 2004: Slipknot vs. Metallica (US).

125 Das ist ein bisschen so wie bei Slipknot, die nur noch Arenen oder Festivals bespielen, sich aber anfühlen wie Rabauken, die nach wie vor das Metal-Establishment vor sich hertreiben.

126 Auf einer der ersten Anzeigen sah man einen Mercedes 190, darüber die passende Headline: »Heißt 190. Fährt 190. Kostet 190.« D-Mark natürlich.

127 »Herr von Matt, warum hat mich noch kein Anwalt der Gegenseite angerufen? Die Anzeige ist Mist!«

128 Nie hat Götz den Satz »Das gab's schon mal ...« häufiger gehört als in Abstimmungen für neue, schmissige Motive für Sixt.

129 Und zwei Radartürme.

130 Der Umsatz durch Vermietung wurde von 1992 bis 2017 um mehr als 600 % gesteigert.

131 Das wäre doch ein schönes Social Experiment: einfach mal zu Hause beim Essen machen. Bei jedem Biss. Die Reaktion der Familie und Freunde geht bestimmt viral.

132 Sie kennen die Sprüche bestimmt, weil es die Dinger mittlerweile fast überall zu kaufen gibt.

133 Siehe auch Puri (2014).

134 Siehe das Kapitel zu Dream Theater.

135 Wall (2004, S. 14; Übersetzung durch uns).

136 Während Dickinsons Abwesenheit übernahm Blaze Bailey das Mikro und spielte zwei Alben mit der Band ein. Diese waren

jedoch spürbar weniger erfolgreich als ihre Vorgänger und Nachfolger, auch die Konzerte fanden in deutlich kleineren und trotzdem nicht immer ausverkauften Hallen statt. Diese Entwicklung kann zum Teil auf das in den Neunzigern allgemein schwierige Umfeld für klassischen Heavy Metal zurückgeführt werden. Allerdings wurde auch bemängelt, dass der neue Sänger seinem Vorgänger weder stimmlich noch in puncto Charisma gewachsen war. Der übergroße Erfolg von Iron Maiden kehrte folglich erst mit dem Wiedereinstig der »menschlichen Luftschutzsirene« zurück.

137 Sodass Iron Maiden, eher ungewöhnlich, seit mehr als 20 Jahren mit drei Gitarristen unterwegs sind.

138 1980 gab es zudem eine Kontroverse: Auf dem Cover der Single »Sanctuary« von 1980 thront Eddie mit einem Messer in der Hand über dem Körper einer Frau, deren Gesicht verdächtig dem der damaligen britischen Premierministerin Margaret Thatcher ähnelt. Trotz des berühmten britischen Humors konnten viele Menschen nicht darüber lachen. Fortan wurde das Gesicht von Thatcher mit einem Balken unkenntlich gemacht. Für die Band brachte das alles in den Anfangstagen natürlich wertvolle Publicity.

139 Beispiele: die allgegenwärtigen Kürbisse von Helloween oder der skelettartige Vic Rattlehead von Megadeth.

140 Zur besonderen Rolle der britischen Geschichte (bzw. einer modern verklärten Version davon) in der Musik von Iron Maiden siehe auch Spracklen (2017).

141 Neben historischen Ereignissen beruhen viele Lieder von Iron Maiden auf Filmen, z. B. *The Loneliness of the Long Distance Runne*r von 1986, und literarischen Vorlagen, z. B. *The Rime of the Ancient Marine*r von 1984, das sich an ein berühmtes englisches Gedicht von Samuel Taylor Coleridge von 1798 anlehnt; siehe dazu auch Roberts (2017).

142 »To Tame a Land« (1983) beruht beispielweise auf dem Romanzyklus *Dune* von Frank Herbert.

143 Manchmal fühlt man sich ein wenig an den Disney-Konzern erinnert. Auch der war gefühlt schon immer da und verarbeitet mit Vorliebe quasi-historische Stoffe unter Nutzung quasi-historischer Symbolik. Die immergleichen Geschichten werden

immer wieder neu erzählt, und statt zum Konzert geht es für den Fan nach Disneyland.

144 In Anlehnung an das Lied »Seventh Son of a Seventh Son« von Iron Maiden.

145 Sondern beweist durch Nicht-Fan-Bekenntnisse eher richtig viel Mut.

146 Wenn beim W:O:A zu »Breaking the Law« lauthals mitgegröhlt wird, unterscheidet sich das nicht im Geringsten von Menschen, die gleich nebenan auf der Superspecial-Schlager-Strandparty bei »Super Trooper« von ABBA sentimental werden.

147 Zumindest außerhalb der Manufactum-Community.

148 Wer lacht da? Das wäre nicht das erste Mal, dass man eine solche Idee zu hören bekommen hätte.

149 So viel Lokalpatriotismus muss erlaubt sein.

150 Lynchburg befindet sich in einem Dry County, einem »trockenen Landkreis«, sagt Unternehmenssprecher Roger Brashears. Das bedeutet: In Lynchburg darf zwar jede Menge Whiskey hergestellt, aber nicht getrunken werden. Die Regelung sei ein kurioses Überbleibsel aus der Prohibition, als in den 1920er-Jahren in den USA Alkoholkonsum unter Strafe gestellt war. Das Gesetz könnte angefochten werden, aber dazu bräuchte es mindestens tausend Stimmen, die man in einem 600-Seelen-Dorf natürlich nicht ganz zusammenbekommt. Daraus müsste man mal eine Story machen.

151 Ausgenommen natürlich das von Desaster Area. Wenn Sie die Band noch nicht kennen: keine Panik! Lesen bildet. Hauptsache, Sie haben ein Handtuch dabei.

152 Das von *The Dirt* zum Beispiel. Siehe auch das Kapitel zu Mötley Crüe.

153 Das kann man bei Google Earth nachschauen: keine versteckte Hochindustrie.

154 Je älter eine Marke ist, desto mehr Geschichten kann man über sie erzählen. Ob von Usern oder aus internen Quellen, ist dabei egal. Meistens haben diese Marken einen reichhaltigen Pool an Anekdoten, Fan-Begebenheiten oder andere unvergessliche

Momente zu bieten. Das, kombiniert mit Geschichtlichem, ergibt oft reizvolle Kampagnen mit unendlich viel Potenzial.

155 Man verzeihe uns die holprige Überleitung.

156 Nein, nicht »Turbo Lover« ...

157 Bei Iron Maiden ist Steve Harris zwar seit Anbeginn der Alleinherrscher. Trotzdem lässt sich die Geschichte der Band ganz klar in verschiedene Abschnitte einteilen: die Frühphase, die Zeit ab dem Einstieg von Bruce Dickinson, die Phase ohne ihn und die Phase seit seinem Wiedereinstieg (gemeinsam mit Adrian Smith).

158 Passenderweise haben Iron Maiden ordentlich Lack von vielen Fans bekommen, als sie 1986 auf dem Album *Somewhere in Time* erstmals deutlich hörbare (Gitarren-)Synthesizer einsetzten, obwohl Bruce Dickinson einmal gesagt hatte, man könne mit Synthesizern keinen Metal machen.

159 Die Lyrics im Original: »Wir von DB Cargo sind hocherfreut, dieses Jahr Rock am Ring klimaschonend zu beliefern. Im Kampf um unser Klima ist Schienengüterverkehr extrem wichtig. Güterzüge sparen gegenüber dem Lkw 80 Prozent CO2 ein. Deswegen gehören Güter auf die Schiene.«

160 Irgendwie ist es wie mit Nichtraucher-Kampagnen: Ausgedacht meist von Nichtrauchern, die oft meilenweit an der Zielgruppe vorbeizielen. Weil sie davon ausgehen, dass Raucher die Argumente gegen das Rauchen nicht kennen würden. Was ein Trugschluss ist. Der Grund, trotzdem weiter zu rauchen, hat nichts mit Logik oder Vernunft zu tun. Sondern mit Furcht vor körperlichem und mentalem Unwohlsein und Verlassen einer vermeintlichen Komfortzone.

161 Nicht nur die Agentur BBDO New York, sondern auch der Kunde hatte da richtig Ahnung von der Materie. Respekt!

162 Agentur: die wunderbaren BBH. Der Song wurde damals von Motörhead extra für diesen Spot neu aufgenommen. Dass dabei noch Tonnen von exklusivem Social-Media-Material angefallen sind, liegt auf der Hand.

163 Danke, Götz. Ich kannte ihn nicht. HDGDL, Nico ...

164 An dieser Stelle sei noch mal an den Verein Metality e. V. erinnert, den wir beide unterstützen und der hilft, die Werte des Heavy Metal in die Welt zu tragen. Würden alle danach leben, gäbe es keine Kriege mehr. Und somit keine alberne Army-, Navy- oder Air-Force-Werbung. (sic!)

165 Für eine detaillierte musikwissenschaftliche Analyse der Musik von Dream Theater siehe: McCandless (2013).

166 Dream Theater gehören zu den »Großen Drei« des Prog Metal, zusammen mit Queensrÿche und Fates Warning.

167 Das sich an Shakespeare orientierende »Pull Me Under« sollte die einzige erfolgreiche Single von Dream Theater bleiben. Eine Best-of-Album aus dem Jahr 2008 trägt daher passenderweise den Namen *Greatest Hit (...and 21 Other Pretty Cool Songs)*.

168 Wilson (2013, S. 22; Übersetzung durch uns).

169 Zu diesem Spiel gehört, dass man in der Lage ist, die technische Brillanz auch zu demonstrieren, nicht bloß zu behaupten. Aus dem Grund hat Jordan Rudess, seit 1999 Keyboarder der Formation, auch ein dreh- und schwenkbares Keyboard-Rack. Während aus dem Blickwinkel der Fans unter normalen Umständen nur schwer erkennbar ist, was ein Keyboarder konkret spielt (im Gegensatz zu Gitarristen oder Bassisten), kann Rudess somit glaubwürdig seine besonderen Fähigkeiten an den schwarzen und weißen Tasten demonstrieren und derart nicht nur auditiv, sondern auch visuell zum Nimbus der Einzigartigkeit von Dream Theater beitragen.

170 Was schon wieder ein eigenes Buch nach sich ziehen müsste ...

171 Er ist halt schon älter. Respektiert das Alter, ihr Fighter fürs Diverse!

172 Frank Zappas »The Black Page«, anyone?

173 Und trotzdem auf eine gruselige Art süchtig machend. Vor allem nachts, betrunken, um vier Uhr. Try it!

174 Was bei Staubsaugern noch ganz cool ist, wird spätestens bei den Düsenjägern auf öffentlichen Toiletten ziemlich uncool. Das mag ja ultrasmart sein, aber bei dem Krach, den dieses Ding macht, wischen wir uns die Hände lieber am Hemd ab.

175 Ach, kommt schon, Opel: Wer soll euch das bitte abnehmen?

176 Beispiel: Anfang Februar 2023 schaltete Alphabet (Google & Co.) Online-Anzeigen, um eine generative AI namens »Bard« zu promoten, die es mit dem Wunderkind »Chat GPT« von OpenAI aufnehmen soll. Allerdings lieferte die Technik prompt fehlerhafte Informationen, nur rund einen Tag vor einer wichtigen öffentlichen Präsentation des Unternehmens in Paris. Daraufhin brach vorübergehend der Aktienkurs ein: Es wurden temporär rund 100 Milliarden Dollar an Unternehmenswert vernichtet.

177 »Chleudert den Purschen zu Poden!«

178 Damals unter Bundesfamilienministerin Ursula von der Leyen. Vielen Dank, Uschi …

179 Das Video zum Depeche-Mode-Cover *Stripped* von 1998 enthält Aufnahmen von Leni Riefenstahl. Die Band ist es gewohnt, sich und ihre Kunst nur wenig zu erklären. An diesem Punkt kann man in verschiedenen Interviews allerdings ein wenig Bedauern heraushören.

180 Was umso erstaunlicher ist, da sie bekanntlich – anders als z. B. die Scorpions, eine andere deutsche Band von Weltrang – in deutscher Sprache singen.

181 Was ironischerweise dazu geführt hat, dass heute in den Sprachschulen anderer Länder Texte von Rammstein verwendet werden, um den Schülern die deutsche Sprache beizubringen.

182 Hätte er nicht. Dafür hatte er vermutlich zu wenig Humor …

183 Die Protagonisten in Rammsteins Gesamtwerk sind ein bunter Haufen aus namenlosen Mördern, Kinderschändern, Nekrophilen und anderen Straftätern. Dazu gesellen sich allerlei Figuren, denen man sexuell oder anderweitig deviantes Verhalten attestieren müsste, ohne dass es notwendigerweise strafbar wäre. Nur ganz selten geht's einfach mal um die Liebe – und dann auch nur in jenen Momenten, da sie uns wehtut. Die meisten der Protagonisten bleiben namen- und gesichtslos, einige sind aber auch reale Figuren angelehnt, z. B. Armin Meiwes, der »Kannibale von Rotenburg«, in »Mein Teil«, oder Josef Fritzl, der seine eigene Tochter über Jahrzehnte in einem Keller gefangen hielt und mit ihr sieben Kinder zeugte.

184 Dies habe sich damals bei den ersten Proben ganz natürlich ergeben, lässt sich der Sänger in Interviews zitieren. Wer's glaubt, wird selig. Wir bleiben unselig. Die Band überlässt in puncto Wirkung erfahrungsgemäß nichts dem Zufall.

185 In diesem Zusammenhang ist eine Forschungsarbeit spannend, die sich der mehrstufigen Ironie eines gemeinsamen Auftritts mit dem Volksmusikstar Heino (dem selbst oft eine haselnussbraune Gesinnung nachgesagt wird) im Rahmen des Wacken Open Air 2013 widmet. Darin schreibt Melanie Schiller (2020, S. 174, Übersetzung durch uns): »Heinos unkritische restaurative Nostalgie beschwört eine ideale nationale Vergangenheit als Quelle der Identifikation, während es bei Rammsteins ironischer Nostalgie eher um das selbstreflexive Bewusstsein einer unmöglichen Identifikation mit einer (nationalen) Heimat geht.«

186 Der große Erfolg in den USA erklärt sich u. a. durch die Tatsache, dass zwei Rammstein-Songs auf dem Soundtrack von David Lynchs *Lost Highway* (1997) vertreten sind.

187 Dazu eine Beobachtung aus der Forschung: Es scheint so, dass Fans und Verächter von Rammstein die Musik tatsächlich unterschiedlich wahrnehmen. Forscher haben zwei Gruppen von Menschen (Metalfans und solchen, die die Musik nicht mögen) Ausschnitte aus Rammsteins Ballade »Rosenrot« und Goethes »Röslein auf der Heide« vorgelegt (wobei der Song lose auf dem Gedicht basiert). Zudem wurde der Glaube an die Urheberschaft manipuliert: Einem Teil der Menschen wurde erläutert, die Texte stammten von Rammstein (auch das Goethe-Gedicht), einem anderen Teil, die Texte seien von Goethe (auch die Rammstein-Lyrics). Die Personen sollten dann beurteilen, wie gewalttätig die Texte sind. Wichtigster Befund: Wenn Menschen glauben, die Texte stammten von Rammstein, werden sie als brutaler eingestuft – allerdings nur von den Nicht-Fans (Kneer et al., 2011).

188 Dazu passt auch die vergleichsweise geringe Anzahl von nur acht Studioalben in fast 30 Jahren Bandgeschichte.

189 Das gesamte Mitteilungsbedürfnis wird in die Kunst kanalisiert. Beispiele: Till Lindemann betreibt seit einigen Jahren auch ein Soloprojekt und veröffentlicht Gedichtbände. Richard

Kruspe singt und spielt Gitarre in der Metalband Emigrate, Keyboarder Flake hat mehrere Bücher veröffentlicht.

190 Im Lied »Deutschland« von ihrem Album aus dem Jahr 2019 beziehen sie erneut deutlich Stellung: »Deutschland – deine Liebe ist Fluch und Segen | Deutschland – meine Liebe kann ich dir nicht geben.«

191 Lüdeke (2015, S. 88).

192 Eine diametrale Entwicklung ist: Fast alles, was in der Vergangenheit in der Werbung einmal provokant war, wäre heute aus diversen Gründen (und wir blasen jetzt nicht ins Früher-war-alles-besser-Horn) undenkbar.

193 Damals schon ein an Bord geholter Influencer bzw. Creator. Schon 1973 provozierte dieser mit einem Frauenhintern, über dem ein Jesus zugeschriebenes Zitat stand.

194 Aber nicht alle. In Deutschland war die Rechtmäßigkeit einzelner Motive Gegenstand einer mehrjährigen juristischen Auseinandersetzung, die bis vor das Bundesverfassungsgericht ging. Die Zentrale zur Bekämpfung unlauteren Wettbewerbs hatte damals ein Verbot des Abdrucks verschiedener Motive eingefordert und gegen das Verlagshaus Gruner+Jahr (Herausgeber des Magazins Stern) geklagt. Letztlich wurde nach jahrelangem Tauziehen – verkürzt gesagt – entschieden, dass ein Verbot des Abdrucks der Motive zu weit in die Pressefreiheit eingreift. Wie bei Rammstein hat letztlich die Freiheit gesiegt – dort Kunstfreiheit, hier die der Presse.

195 Hat jemand die Anspielung an die Mutter aller Werbungen erkannt: Marktschreier (oder Teleshopping-Moderatoren) mit ihren dreistufigen Steigerungen?

196 Ein interessanter Gegensatz, im Übrigen: Während die Kunst in Form von Rammstein heutzutage polarisieren kann, indem sie gerade keine Haltung einnimmt, sondern neutral berichtet, wird Werbung durch eben jene Haltung polarisierend.

197 Kennt man. Diese Spots, die eigentlich nur rufen: »Glaubt uns das jetzt. Bitte glaubt uns das jetzt!«

198 Rammstein habt ihr also auf eurer Seite, liebe Marketing-Gurus.

199 Spracklen (2020, S. 75, Übersetzung durch uns).

200 Sich selbst als die Könige eines ganzen Genres zu bezeichnen, spricht auch bereits für ein gesundes Selbstbewusstsein.

201 Ein gewisser Teil der Texte ist nicht eben #MeToo-tauglich. Hörprobe: »Pleasure Slave« von 1988. Was den Abermillionen weiblichen Fans auf der ganzen Welt offensichtlich nichts ausmacht.

202 Anfang des neuen Jahrtausends stand die Band kurz davor, ein »Household Name« zu werden, zumindest in Deutschland. Die Single »Warriors of the World United« von 2002 bekam eine Menge Airplay auf verschiedenen Musiksendern, und Manowar absolvierten in der Folge einen kultigen Auftritt in Stefan Raabs Sendung *TV Total*. Dieser durfte wiederum bei einer Zugabe eines Konzerts in Köln mit auf die Bühne. Der Ruhm unter Normalbürgern hielt allerdings nichts lange an.

203 Unter den Hardcore-Fans von Manowar gibt es ein beliebtes Trinkspiel: Man versucht, sich durch den Back-Katalog der Band seit 1982 zu hören und muss jedes Mal einen Schluck Bier trinken, wenn die Wörter »Kill«, »Blood« oder »Die« in den Lyrics auftauchen. Für den ungeübten Bierfreund ist da spätestens nach der ersten Scheibe Schluss. Professionelle Kampftrinker schaffen es unter Umständen bis zum dritten Song (»Kill With Power«) auf dem dritten Album *Hail to England* von 1984. Im Refrain heißt es immer wieder: »Kill with power – die, die!« Das haut selbst den stärksten Berserker aus den Fellstiefeln.

204 Wir wissen nicht, was Herr Wagner zu dem Vergleich gesagt hätte. Aber er kann sich auch nicht mehr dagegen wehren …

205 Wer sich davon überzeugen möchte, höre sich Manowars Version der Opernarie »Nessun dorma« vom Album *Warriors of the World* an.

206 Ein Titel, der ihnen wiederholt von Motörhead streitig gemacht werden sollte.

207 Der Krieg um den Titel als lauteste Band der Welt wird in dem Film *This is Spinal Tap*, einer fingierten Dokumentation über eine Achtzigerjahre-Rockband, aufs Korn genommen. Der Gitarrist der fiktiven Band spielt dort auf Marshall-Verstär-

kern, deren Regler alle bis 11 statt bis zur 10 gehen. »It's one louder…«

208 Und sie haben auch herzzerreißend schöne Balladen im Programm. Als Hörprobe sei »Master of the Wind« vom 1992er Album *The Triumpf of Steel* empfohlen.

209 Die meisten Menschen finden während der Pubertät zum Metal, wie Nico in seinem Buch *Hard, Heavy & Happy* anhand von Statistiken darlegt.

210 Dazu passt die Story, dass Manowar auf der Hell on Stage-Tour Fans mit Metallica-Shirt auf die Bühne holten. Sie wurden zunächst wegen ihres Shirts verspottet, erhielten dann stattdessen ein Manowar-Shirt, einen Schluck Bier – und wurden anschließend zurück ins Publikum komplementiert (Christe, S. 312). All dies geschah in der Zeit, als Metallica mit *Load* und *Reload* zwei Alben veröffentlichten, die kaum noch dem Metal zuzuordnen waren. Zudem hatten James Hetfield & Co. sich die metaltypischen Mähnen abschneiden lassen und trugen auf manchen Fotos Make-up. Für einen True Metaller natürlich ein echter Affront.

211 Zu einem echten Manowar-Konzert gehört seit Jahrzehnten eine mehrminütige Ansprache von DeMaio an die Fans etwa zur Halbzeit. Darin geht es meist darum, seinen Platz im Leben zu finden, sich nicht reinreden zu lassen, seine Vision zur verfolgen usw. Jede Rede endet damit, dass der Bassist eine Dose Bier ext, wobei immer gefühlt die Hälfte danebenläuft. Dazu kommt in Deutschland mit breitem amerikanischem Akzent die Forderung: »Hau wech, die Scheiße!«

212 Von Sänger Eric Adams weiß man zumindest, dass er passionierter Jäger ist, weil er ab und an in entsprechenden TV- oder Internetprogrammen auftritt. Folglich gibt es eine gewisse Korrespondenz zum Bild auf der Bühne.

213 Morris (2021). Beispielsweise werden wir demnächst Marken für unsere Avatare im Metaverse kaufen können, die in der echten Welt gar nicht existieren. Man denke hier im Übrigen auch an die im Intro erwähnten, von Kiss vermarkteten Luftgitarrenseiten.

214 Zumindest Nico. Das leidenschaftliche Schisma zwischen Anhängern und Hatern der Band zieht sich sogar durch das Autorenduo: Nico liebt sie, Götz findet sie lame …

215 Ohne die komplementären Melodien von Flake wären Rammstein einfach nur eine weitere Neue-Deutsche-Härte-Band.

216 Der war zu einfach.

217 Weißer Riese, Sparkasse, FAZ, Obi, Ricola, Schwäbisch Hall, Toyota, M&M, VW, Zalando, Hornbach, Absolut.

218 Die histrionische Persönlichkeitsstörung kennzeichnet sich durch egozentrisches, dramatisches und theatralisches, extrovertiertes Verhalten aus. Zu beobachten sind intensives Streben nach Aufmerksamkeit, extreme Emotionalität und die Inszenierung sozialer Interaktion.

219 Lustigerweise dürfen ausgerechnet TikTok-Videos heutzutage bis zu zehn Minuten lang sein. So kann man seine Wurzeln auch verraten.

220 Nicht dem Angler! Jaja, werden jetzt alle sagen. Das weiß doch jeder. Die Frage ist: Warum wird es dann so wenig gemacht? Zwischen Wissen und Wollen und tatsächlich Tun klafft eine große Lücke.

221 Erst in jüngerer Zeit bricht manchmal ein Shitstorm aus, weil es die Überinszenierung gerade wieder etwas schwer hat.

222 Eine Frau würde da übrigens wirklich mal guttun.

223 Die Werbung von Axe ist ein gutes Beispiel dafür, dass Ironie funktioniert. Und zwar in allen Gesellschaftsschichten. In der neueren Variante werden jetzt auch gendergerecht Männer und sogar Tiere vom Axe-Benutzer »inspiriert«.

224 Nutella besteht zu großen Teilen aus Zucker und Palmöl, Lemmy bestand zu großen Teilen aus … man weiß es nicht so genau. Auf jeden Fall schildert er in seiner Autobiografie diese Episode, wo er beim Arzt eine Bluttransfusion erhalten sollte. Der Doktor riet ihm jedoch letztlich von der Prozedur ab, mit der eindringlichen Warnung, dass normales Blut einer gesunden Person Lemmy umbringen würde … (Kilmister und Garza, 2016, S. 103, Übersetzung durch uns).

225 Zumindest gegen jeden einzelnen Atemzug, den sie nach 1988 getätigt haben.

226 Beispiel: 2016, einige Monate nach seinem Tod, startete eine Online-Petition, in der eingefordert wurde, ein neu entdecktes, superschweres Element nach Kilmister zu benennen. Es hätte dann Lemmium geheißen. Trotz vieler Tausend Stimmen fand das noble Ansinnen kein Gehör.

227 Kilmister und Garza (2016, S. 78, Übersetzung durch uns).

228 Was ein bisschen ironisch ist, da Kilmister Zeit seines Lebens gegen organisierte Religionen gewettert hat. Doppelt ironisch ist, dass viele Fans an diesem Tag nun den quasi-religiösen Lemmy-Geburtstag anstatt Heiligabend feiern.

229 Neben Drogen und Rock'n'Roll waren Frauen das größte »Laster« in Kilmisters Leben. Nach eigenen Aussagen hat er mit über eintausend Frauen geschlafen. Das nennen wir gutes Zeitmanagement ...

230 22, wenn man das gegen den Willen der Band veröffentlichte *On Parole* von 1979 abzieht.

231 Dee hatte vorher einige Alben mit der einflussreichen Band King Diamond aufgenommen und wurde nach der Auflösung von Motörhead neuer Drummer der Scorpions.

232 Wie auch sich selbst ...

233 Weil Lemmy eigentlich Gitarrist war und eher durch Zufall zum Bass kam, nutzte er den Tieftöner oft anders als gelernte Bassisten. Sein Spiel zeichnet sich durch die regelmäßige Nutzung von Akkorden, offenen Saiten und starker Verzerrung aus. Es wirkt daher innerhalb der musikalischen Textur von Motörhead oft wie eine zweite, tiefere Gitarre.

234 Andere erkennen durchaus auch den Einfluss von Hektolitern Whiskey-Cola sowie mehreren Schachteln Zigaretten pro Tag, die Lemmy über weite Teile seines Lebens genoss.

235 Fun Fact: Kurz vor Weihnachten 1995 spielten Metallica, allesamt im Kilmister-Look, als The Lemmys auf dessen 50. Geburtstagparty im Whisky A Go Go.

236 Trotzdem haben Motörhead auch ihre ruhigen Momente. Die Band hat einige (Halb-)Balladen mit absolutem Gänsehaut-

Faktor im Repertoire. Meist handelt es sich allerdings nicht um Liebeslieder, sondern entsetzlich traurige Stücke, z. B. »1916« über die Schlacht an der Somme oder »Don't Let Daddy Kiss Me« über sexuellen Missbrauch an Kindern.

237 Gerne abgerundet mit ein paar Militärdevotionalien, zum Beispiel einem Eisernen Kreuz. Lemmy war verrückt nach Gegenständen aus der Nazizeit, was ihm oft negative Presse einbrachte. Er beteuerte jedoch immer wieder, dass ihm schlicht die Optik gefiel.

238 Zitat aus einem Interview mit der *Welt* von 2005: »In England mögen wir Kant, allein schon wegen seines Nachnamens.«

239 Und zu Markus Lanz.

240 Kurzlebige Experimente mit zwei statt einem Gitarristen ausgenommen.

241 Von gewissen chemischen Substanzen abgesehen.

242 Neben dem frühen Verlassenwerden durch den Vater sehen manche Begleiter den Drogentod (durch Heroin) von Lemmys erster großer Liebe im Alter von nur 17 Jahren als psychologischen Auslöser dafür, sich nicht binden zu wollen und vollkommen autark zu leben.

243 Siehe auch Bayer (2017).

244 Pruitt (2019, ohne Seitenangabe, Übersetzung durch uns).

245 Kilmister und Garza (2016, S. 61, Übersetzung durch uns).

246 Vermutlich: nicht.

247 Der Musiker selbst zeigte sich immer wieder überrascht, wie alt er doch tatsächlich geworden ist. Im Dokumentarfilm *Lemmy* von 2010 sagt ein Fan zu diesem Umstand: »Lemmy ist Gott. Bei einem Atomkrieg sind Lemmy und die Küchenschaben das Einzige, was überlebt.«

248 Die »Herzen« ...

249 Kurze Geschichtsstunde: Die Kutte wurde Mitte der Siebzigerjahre berühmt und oftmals berüchtigt, angelehnt an die damals üblichen Bikerwesten. Doch statt mit Club-Patches wurden sie mit Aufnähern der favorisierten Bands verziert. Damals der Dresscode – heute Kult! By the way: Es gab auch mehr als

einmal Zoff zwischen Bikern und Metalheads. Die Biker wollten es den Metallern damals tatsächlich untersagen, was natürlich nur anfangs und auch nur teilweise gelang.

250 Geretweetet, gehastaggt, verpodcastet usw. (»Das sind Wörter?«)

251 *Dark Side of the Rainbow*, auch bekannt als *Dark Side of Oz* oder *The Wizard of Floyd*, ist die Verknüpfung des Pink-Floyd-Albums *The Dark Side of the Moon* von 1973 mit dem Film *The Wizard of Oz* von 1939. Dadurch entstehen Momente offensichtlicher Synchronizität, in denen der Film und das Album übereinzustimmen scheinen. Die Mitglieder von Pink Floyd haben jegliche Absicht, das Album mit dem Film verbunden zu haben, bestritten.

252 Schönste Kindheitserinnerungen. Götz: *Alive II* von Kiss; Nico: *Scarlett O'Hara* von den Shadows. Damit wurde im Schullandheim auf Wangerooge immer die Disco eingeläutet.

253 Das erklärt, warum Nico keine hatte …

254 Qualität, die man hören kann. Götz: *Metropolis Pt. 2: Scenes from a Memory* von Dream Theater; Nico: *Sky of Avalon/Prologue to the Symphonic Legends* von Uli Jon Roth.

255 Grüße gehen raus an die tollste Sneakermarke der Welt: HYACYN®.

256 Was ich unbedingt haben wollen würde. Götz: Mötley Crües *Too Fast For Love* (First Pressing/Leathür Records); Nico: eine Zeitreise zu einem Guns'n'Roses-Konzert von 1992.

257 Größte Loyalität wegen Werten. Götz: Rose Tattoo; Nico: Manowar (ja ja, ich weiß …).

258 Was immer geht. Götz: Judas Priest; Nico: Iron Maiden.

259 Trendigste Scheibe. Götz: *Outsider* von Night Demon; Nico: *The Awakening von Kamelot.*

260 Zeige ich vor, wenn ich Respekt haben möchte. Götz: das *Aardshok Bootleg* von Metallica in orangem Vinyl; Nico: keine Musik, aber fast – ein »Sky Guitar«-Schlüsselanhänger, überreicht von Maestro Uli Jon Roth persönlich.

261 Pfui Deibel …

262 Legendär ist beispielsweise der sogenannte Platzhirsch, eine rund zwanzig Meter hohe, mehrstöckige Holzkonstruktion in Hirschform mit mehreren Barbereichen, der auch noch Rauch durch die Nasenlöcher ausstoßen konnte.

263 Der sogenannten Metal-Umlaut (findet sich z. B. auch bei Motörhead oder Blue Öyster Cult) wird nicht mitgesprochen. Er soll dem Bandnamen im Englischen einen außergewöhnlichen, fremdartigen Look geben. Laut Aussage von Bandmitgliedern wurden Mötley Crüe damals jedoch vom deutschen Löwenbräu-Bier inspiriert.

264 Siehe auch Ables (2016).

265 In *The Dirt* heißt es auf S. 82 (Übersetzung durch uns): »Vince war einer der am besten aussehenden und charismatischsten Sänger, die ich je gesehen hatte: Die Beine der Frauen öffneten sich einfach nur, weil sie ihn singen sahen.« Das hat sich zwischenzeitlich ein wenig geändert. Neil hatte über die Jahre immer wieder mit argen Gewichtsprobleme zu kämpfen. In den Zweitausendern nahm er zudem an einer Reality-TV-Show teil, in der er sich einer Schönheitsoperation unterzog. Mittlerweile sieht er – bei Licht betrachtet – zunehmend aus wie der hübsche, sonnengebräunte Bruder von Jabba the Hut.

266 Lee et al. (2002, S. 72, Übersetzung durch uns).

267 Für Nico, den jüngeren der beiden Autoren (Baujahr '78), war Mötley Crüe lange nur ein Name aus der Vergangenheit. Er verband die Band hauptsächlich mit dem Sextape von Drummer Tommy Lee und Playboy-Ikone und Badenixe Pamela Anderson, das veröffentlicht wurde, nachdem die beiden 1995 eine Blitzhochzeit hingelegt hatten.

268 Eins ...

269 Lediglich der rund zehn Jahre ältere und wegen einer chronischen Krankheit eingeschränkte Gitarrist ließ es zumeist deutlicher ruhiger angehen – außer beim Alkohol.

270 Die Qualität des musikalischen Oeuvres wird von vielen Experten als maximal durchschnittlich bezeichnet.

271 Das ist übrigens beileibe nicht die einzige Parallele: Die Texte des Schmusebarden sind wie bei der Mötley Crüe voller

Schweinkram. »Manchmal möchte ich schon … a piece of your action.«

272 Monty Python würden sicherlich beipflichten.

273 Zudem lebt er seit 2004 mit einer neuen Hüfte. Er leidet an einer chronischen Krankheit, die seine Wirbelsäule und weitere Knochen zusehends versteifen lässt.

274 Neben diesen gut dokumentierten Geschichten gab es Erzählungen zufolge noch diverse weitere Überdosen, Auto- und Motorradunfälle sowie kleinere und größere Blessuren durch Stunts im Rahmen der ausgeflippten Bühnenshow. Was Legende und was Wahrheit ist, lässt sich teilweise nur schwer nachvollziehen. Insgesamt ist allerdings das Folgende festzuhalten: Die Tatsache, dass alle Mitglieder im Jahr 2023 noch am Leben sind, hat mehr mit Glück als mit Verstand zu tun.

275 Viele Kritiker monieren, die negativen und tragischen Elemente der Bandbiografie kämen im Film zu kurz.

276 Dann allerdings ohne Mick Mars, der sich aus gesundheitlichen Gründen vom Touren zurückgezogen hat.

277 In diesem Fall korrekterweise: Disney+.

278 Wie auch Mütter und Töchter, natürlich.

279 Verlierer wie die albernen Prilblumen verschweigen wir an dieser Stelle einmal.

280 Wenn jeder Bedenkenträger seine Bedenken wirklich aus der Welt wegtragen und entsorgen würde, hätten wir traumhafte Zustände auf diesem Planeten.

281 In einer solchen Zeitspanne zog die Jugend später von Facebook nach Snapchat zu TikTok. Nicht mehr richtig vorstellbar.

282 In diesen Jahren waren andere alkoholische Verbrechen hip, z.B. Blue Curacao. Wann das wohl wiederkommt?

283 Einen gewaltigen Anteil am Erfolg hatte auch die Idee, die Shots auf Eistemperatur herunterzukühlen. Etwas, das man im Stammland bis dato so nicht kannte. Oder wie Kerry King, ein eingefleischter »Jaygermeyster«-Fan mal räsonierte: »Es ist echt witzig, aber Deutschland war echt spät dran, zu kapieren: Hey, eisgekühlt schmeckt er richtig gut.«

284 »Mit diesen orangefarbenen Sachen kommt ihr nicht auf mein Festival.« Soll Holger Hübner gesagt haben, als es 2008 erstmalig zu einer Zusammenarbeit mit Jägermeister kommen sollte. Der Deal scheiterte ursprünglich, weil man farblich nicht kompatibel war.

285 Die Verlagerung der Kanäle war nicht nur den zunehmenden Verboten für Spirituosenwerbung geschuldet. Man folgte der jungen Zielgruppe schon früh in die sozialen Kanäle.